Alfa Romeo

Giulia

Lorenzo Ardizio

Alfa Romeo

Giulia

HEEL

Impressum

HEEL Verlag GmbH
Gut Pottscheidt
53639 Königswinter
Telefon 0 22 23 / 92 30-0
Telefax 0 22 23 / 92 30 13
Mail: info@heel-verlag.de
Internet: www.heel-verlag.de

3. Auflage 2023

Lektorat:
Jost Neßhöver

Übersetzung ins Deutsche:
Mark Oliver Pohl

Satz und Gestaltung der deutschen Ausgabe:
Petra Hammermann, Köln

Printed in Latvia

ISBN: 978-3-86852-695-0

Inhaltsverzeichnis

Vorwort

Die Giulia Super, hier in der Version von 1967, ist ein ausgereiftes Auto von vorzüglicher Verarbeitung und begeisternden Fahrleistungen.

„Ausweis des Alfista (insbesondere des Fahrers einer Giulia).“ Unter diesem Titel veröffentlicht Alfa Romeo im Jahr 1973 die Auswertung einiger Umfragen, die Marktforschungsunternehmen (Doxa, Domoskopea) und der Autohersteller selber im Zeitraum von 1968 bis 1972 unternommen hatten.

Hier eine kurze Zusammenfassung der Ergebnisse: „Der italienische Autofahrer wird erst mit dem zweiten und noch öfter erst mit dem dritten Kauf eines Wagens zum Alfista. Das bedeutet, dass er sich erst nach etwa fünf Jahren, wenn seine Erfahrungen und Ansprüche gewachsen sind, für einen Alfa entscheidet. Sein Durchschnittsalter beträgt 39 Jahre mit jünger werdender Tendenz. In 70 Prozent der Fälle, in denen er seinen Alfa wieder verkauft, erwirbt er anschließend erneut einen Alfa. Er gibt an, hohe Ansprüche an die Ästhetik zu stellen, schätzt aber vor allem die Sicherheit. Seine Fahrleistung liegt mit 25.000 bis 30.000 Kilometern pro Jahr deutlich über dem nationalen Durschnitt von etwa 15.000 bis 16.000 Kilometern. Für ihn sind Eigenschaften wie Wiederverkaufswert, Stabilität und Bremseigenschaften wichtiger als etwa die Höchstgeschwindigkeit. Während des Erhebungszeitraumes ist die positive Beurteilung in Bezug auf Motor, Straßenlage und Bremsen auf gleichem Niveau geblieben und in Bezug auf die Karosserie und Ausstattung gestiegen.“

Dieses in gewissem Sinn von den Alfisti selbst geschriebene „Vorwort“ reichte eigentlich aus. Und doch – so schmeichelhaft die Urteile und so optimistisch die Perspektiven in jenem Jahr 1973 waren – ahnte niemand wirklich, welch wichtige Rolle die Giulia in den folgenden Jahren noch spielen sollte und welche Emotionen sie beim Publikum, in den Herzen der Liebhaber und in den Garagen einiger Glücklicher hervorrufen würde. Heute hingegen wissen wir, was die Giulia verkörpert: Ein Auto, das anfangs die Fachpresse verwirrte, das dann auf dem Markt keinen Gegner hatte – und auf der Straße noch viel weniger. Das bei Rennen den Fahrern protziger GTs mit womöglich zwölf Zylindern den kalten Schweiß auf die Stirn getrieben hat. Das bis heute ein Schmuckstück unter den Autos seiner Epoche ist – und oft die einzige Familienlimousine in Sammlungen allerfeinster Automobile.

Dies alles mag arg romantisch klingen, aber bei aller Poesie – und die Alfisti wissen darum – gibt es auch einen ganz prosaischen Hintergrund. Die Giulia ist das Ergebnis eines konsequent vorangetriebenen Projekts, das auf absolute Vollkommenheit abzielte. Sie ist das Ergebnis langer Rennerfahrung, der Professionalität der Konstrukteure, der Arbeit der Prüfer und der Weitsicht der Manager sowie der großen Passion, die – da bin ich mir sicher – sie alle in ihre Arbeit eingebracht haben.

Lorenzo Ardizio

Die Tradition der sportlichen Alfa-Romeo-Limousine

Einige Werbeplakate, die ein Bild von Alfa Romeo kurz vor Beginn des Zweiten Weltkrieges skizzieren. Auf der einen Seite stehen das Meisterwerk 8C 2900 B und der exklusive 6C 2500, auf der anderen die immer mehr Raum einnehmende Produktion für die Luftfahrtindustrie – und für die Rüstung.

Alfa Romeo ist weltweit eine der angesehensten und sicherlich von Liebhabern am meisten geschätzten Automobilmarken, so dass es zur Definition der Alfisti gekommen ist. Der Begriff ist mehr als nur das Etikett für den Besitzer eines Autos mit dem Biscione (der Schlange mit dem gekrönten Drachenkopf). Die Passion für die Automarke wird durch eine Reihe von historischen, technischen und sportlichen Werten genährt, derer sich Alfa Romeo über mehr als 100 Jahre treu geblieben ist. Das Unternehmen wird darüber hinaus sehr konsequent geführt. Daher wäre es relativ einfach, die Geschichte eines so entscheidenden Modells, einer Ikone wie der Giulia, damit zu beginnen, es in die lange Tradition des Unternehmens einzureihen. Ausgehend von jenem wohlbekannten 24. Juni 1910, dem Geburtstag Alfa Romeos, könnte man

Die für den Wagen „Typ 1" oder „4C 1500" entworfenen Motorprototypen. Links oben die Sportversion mit 56 PS mit dem bialbero. *Links unten die Standardversion mit nur einer Nockenwelle und 50 PS.*

Unten: Das Profil einer Limousine mit Ganzstahl-Karosserie, die vollständig von Alfa Romeo hätte produziert werden sollen.

von Ereignissen, Schlüsselerlebnissen und den symbolträchtigen Autos des Unternehmens erzählen.

Das aber reicht nicht aus, die besondere Bedeutung der Giulia zu beschreiben, die für ein scharf umrissenes Marktsegment geschaffen wurde – die sportliche Mittelklasse-Limousine. Zur Entwicklung dieser ganz speziellen Fahrzeugklasse hat Alfa Romeo selbst unmittelbar nach dem Zweiten Weltkrieg reichlich beigetragen, ihr Potenzial hatte man aber bereits Mitte der 1930er Jahre erahnt.

Ausgerechnet im Jahr 1935, in dem Alfa unter Ugo Gobbato ein Rüstungsunternehmen ist, das für die imperialistische Politik jener Zeit arbeitet, wird das Projekt „Reisewagen Typ 1" auf den Weg gebracht. Ziel ist die Produktion einer großen Serie, der Tradition der Zeit folgend mit dem Namen 4C 1500. Die Eckdaten: Radstand 2,70 m, Gewicht 990 kg, Leistung 50 PS und eine Geschwindigkeit von etwa 110 km/h. Ein Transaxle-Antrieb ist vorgesehen, das Getriebe soll zugunsten besserer Gewichtsverteilung an der Hinterachse liegen. Die Ganzstahl-Karosserie der Limousine mit vier Sitzen hätte bei Alfa montiert werden sollen. Zur kompletten Fahrzeugmontage unter einem Dach kommt es dann aber erst nach dem Krieg mit dem 1900 und seiner selbsttragenden Karosserie.

Sieht man den 4C 1500 als Vorgänger der Giulia an, so ist der Motor interessant: Es handelt sich um einen modernen Reihen-Vierzylinder mit gusseisernem Block und Leichtmetall-Zylinderkopf sowie einem Hubraum von 1490 cm^3 (75 mm Bohrung und 82 mm Hub). Das Maß ließe sich leicht auf 1570 cm^3 erhöhen, was dann nicht sehr weit von dem des Giulia-Motors entfernt ist (78 x 82 mm).

Für die Standardausführung ist ein Zylinderkopf mit einer oben liegenden Nockenwelle, angetrieben von einer Kette, vorgesehen. Allerdings soll es auch eine sportliche S-Version mit dem *bialbero* geben, also einem Kopf mit zwei obenliegenden Nockenwellen, die aufsehenerregende 56 PS bei 4600 Umdrehungen pro Minute liefern soll.

Insgesamt werden indes nur drei Prototypen und zwei Motoren der Version „S" hergestellt, bevor das Projekt eingestellt wird – und der Startschuss für ein Auto in großer Serie auf bessere Zeiten vertagt.

Zunächst ist Alfa Romeo anderweitig beschäftigt. Deutschland hat losgetreten, was schließlich der Zweite Weltkrieg wird, und Italien macht mit. Alfa Romeo wächst in jener Zeit enorm. Zeitweise bauen mehr als 9000 Angestellte militärische Ausrüstung aller Art, Lastwagen und vor allem Flugzeugmotoren. Als 1946 der Krieg vorüber ist, benötigt zunächst niemand mehr Armeelastwagen und Jagdflugzeugmotoren – aber auch keine Luxussportwagen. Nur mühsam kommt die Automobilproduktion wieder in Gang. 1946 werden bei Alfa ganze sechs Autos des Modells 6C 2500 aus Restbeständen zusammengebaut.

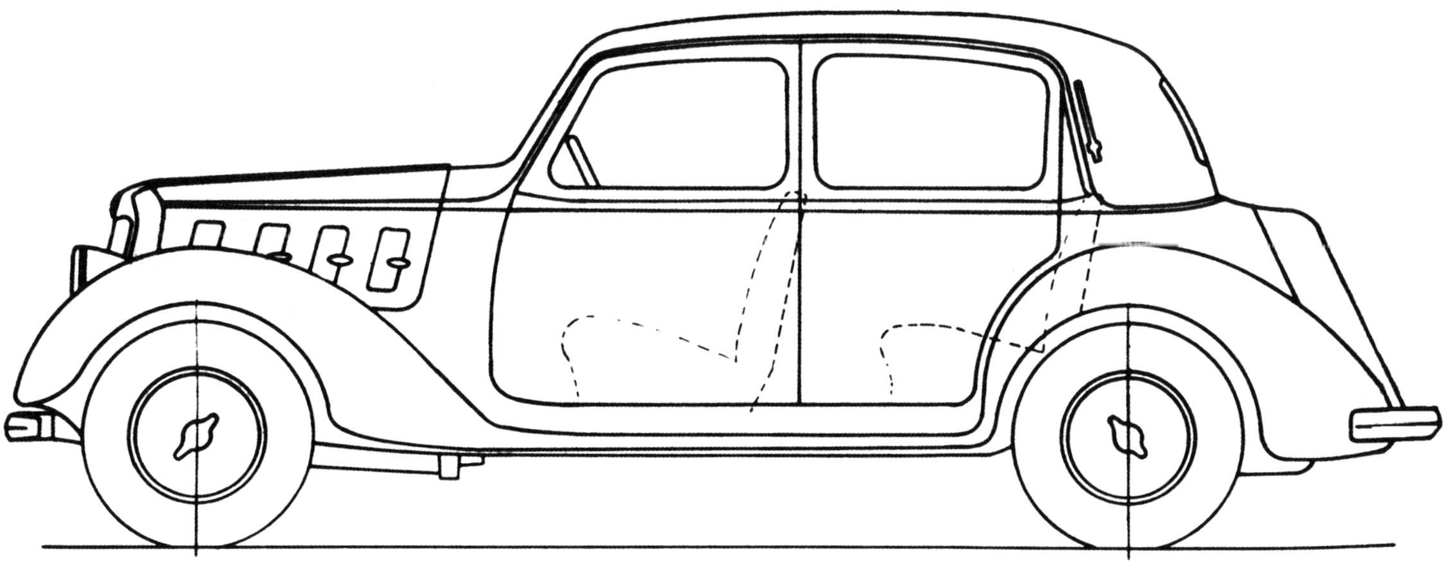

Das Werk in Portello wird während des Krieges stark bombardiert, und der Neuanfang ist langwierig und schwierig.
1946 werden nur sechs 6C 2500 Freccia d'Oro (goldener Pfeil) gebaut.

Das Angebot muss dringend aufgefrischt werden, und dazu bedarf es eines innovativen Produkts, das dem geänderten Geschmack und dem neuen Bedarf gerecht wird und das auch in größerer Serie hergestellt werden kann. Das Ergebnis wird der 1900 sein, der mit 18.000 produzierten Exemplaren dem Unternehmen ein erstes Durchatmen ermöglicht. Der 1900 ist eine Limousine mittleren bis großen Formates *a tre volumi*, also mit klar definiertem Motor-, Fahrgast- und Kofferraum (three-box-design). Er hat eine selbsttragende Ganzstahl-Karosserie, vorn Einzelradaufhängung mit Dreieckslenkern und hinten eine Starrachse. Beim Motor handelt es sich um einen gusseisernen Reihen-Vierzylinder mit zwei oben liegenden Nockenwellen (*bialbero* oder DOHC), der später vollständig aus Leichtmetall bestehen und versuchsweise im 1900 D52 „Disco Volante" verwendet wird.

Nach dem Krieg ist die Produktion von Transportfahrzeugen und Bussen wichtig, wie dieses bunte Werbeplakat zeigt.

Der 1900, die „Familien-Limousine, die Rennen gewinnt", ist zwar ein erster Erfolg. Aber der reicht noch nicht aus, um die Produktionskapazitäten auszulasten und die Bilanz in Portello aus dem roten Bereich zu führen.

Es werden daher viele Projekte lanciert, die unterschiedlicher kaum sein könnten. Kleinwagen mit Zweitaktmotor und 750 cm^3 Hubraum, Nutzfahrzeuge mit 900 cm^3 Hubraum und Vorderradantrieb (der Tipo 103) finden sich da, bis man schließlich eine Lösung findet: 1954 kommt die Giulietta.

177.000 Exemplare, die an einem echten Fließband – das des 1900 war noch kein richtiges – hergestellt werden, erlauben Alfa Romeo, sich zu etablieren und sich in ein großes industrielles Automobilunternehmen zu verwandeln. Vor allem aber verschaffen sie der Marke Ansehen und Prestige, was beim Übergang von einer elitären und teuren (vor dem Krieg kamen aus Portello Autos wie der 6C 2300 und der 8C 2900) zu einer industriellen Produktion auch leicht hätte schiefgehen können. So ist das Gegenteil der Fall. Das „neue" Unternehmen Alfa Romeo ist imstande, all seine Stärken wie technische Brillanz, hohe Fahrleistungen und enormer Fahrspaß, die es mit mehr mehr als vierzig Jahren Rennerfahrung auf höchstem Niveau gewonnen hat, auf Autos mit erschwinglichen Preisen zu übertragen.

Fundament der neu eingeschlagenen Richtung ist ein weitsichtiges Management, vor allem aber eine *squadra* (ein Team) aus Technikern, Konstrukteuren, Prüfern, die fähig sind, einzigartige Autos zu schaffen. Ein Team, das mit dem Namen Orazio Satta Puligas verbunden ist und denen inzwischen für Alfisti legendärer Persönlichkeiten wie Giuseppe Busso, Ivo Colucci, Consalvo Sanesi, Gianpaolo Garcea und Livio Nicolis.

In den 1950er Jahren verwandelt sich Alfa Romeo in ein großes, industrielles Automobil-Unternehmen. Der entscheidende Schritt ist die Aufgabe des sehr teuren und handgefertigten 6C 2500 (rechts ein Bild aus einer Broschüre der Super-Sport-Version) zugunsten des modernen 1900 mit selbsttragender Karosserie und der Fließbandfertigung.

Die Giulietta – und dann?

Das Projekt Giulietta ist für die Zukunft des Unternehmens entscheidend. Alle zur Verfügung stehende Energie wird investiert. Der Giulietta werden das Rennsport-Engagement, die zahlreichen Luxuswagen-Projekte und einige möglicherweise vielversprechende weitere Optionen geopfert. Aber die Wahl erweist sich im Nachhinein als die richtige. Mit ihrer frischen und faszinierenden Linienführung und vor allem mit ihren für die Konkurrenz einfach unerreichbaren Fahrleistungen wird sie

Trotz der großen Siege in der Formel 1 (oben links) wird die sportliche Aktivität aufgegeben, um alle Energien auf das Projekt Giulietta (links unten) zu konzentrieren, deren Produktionszahlen die des noch weitgehend handgefertigten 1900 (unten rechts) verzehnfachen werden.

Der endgültige Wandel Alfa Romeos zu einem großen industriellen Automobil-Unternehmen vollzieht sich mit dem Auftritt der Giulietta 1954. Oben die Giulietta Sprint, das erste Modell, vor einem klassischen Mailänder Hintergrund. Die 1300 Sprint (rechts), die letzte Version des beliebten Coupés, ist noch in Produktion, als die Giulia bereits auf dem Markt ist.

Die Alfa-Flotte von 1954 mit den 1900er-Modellen, die kurz vor der Pensionierung stehen, der neuen Giulietta Sprint und dem Romeo-Lieferwagen vor einem Turm-Bunker in Portello. Unten die letzte Version der Giulietta TI und die Fließbandproduktion.

Der überwältigende Erfolg der Giulietta macht aus ihr ein veritables Statussymbol, eine Ikone des Wirtschaftsaufschwungs der 1950er Jahre. Auch aus diesem Grund erhält sie den Spitznamen „la fidanzata d'Italia" („die Verlobte Italiens").

Unten: Die Schauspielerin Giulietta Masina ist Werbeträgerin für den 100.000. Wagen, der vom Band läuft.

noch fünf Jahre nach der Präsentation das Automobil sein, das es zu schlagen gilt.

Das ist gewiss ein großartiges Resultat, es bedeutet aber auch, dass Alfa eine anspruchsvolle Aufgabe vor sich hat, will man das Niveau halten. Es gilt, ein Produkt, das bereits spitze ist, noch zu verbessern. Zu Beginn sind die Pläne eher zurückhaltend – sowohl in technischer als auch in stilistischer Hinsicht: Die Technik der zukünftigen „media" (Mittelklasse) soll im Prinzip von der Giulietta übernommen werden. Allerdings sollen alle Komponenten überprüft und nötigenfalls verbessert werden. Auch die Karosserie sollte die wichtigsten Stilelemente, wenn auch mit etwas moderneren Zügen, beibehalten.

Die Entwicklung geht weiter, und 1959 ist ein Prototyp fertig: Er ist moderner und eckiger als die Giulietta, hat Flossen und „amerikanische" Elemente, die dem Geschmack der Zeit entsprechen, orientiert sich aber im Großen und Ganzen angenehm an den modernsten Modellen der Konkurrenz.

Alles geht also seinen Gang – bis 1959 einige Führungskräfte und Techniker, darunter Orazio Satta Puliga, den Londoner Autosalon besuchen. Sie studieren aufmerksam die Neuerscheinungen und finden viele Lösungen bereits umgesetzt, an denen sie selber für die künftige Giulia noch arbeiten. Der neue Alfa aber entsteht ja erst, und so besteht die Gefahr, dass er bereits veraltet oder zumindest als „schon einmal gesehener" Wagen auf den Markt kommt.

Dennoch ist es womöglich noch riskanter und unsicherer, wieder bei null mit einem vollkommen neuen Projekt anzufangen und sich etwas völlig Neues und notgedrungen Revolutionäres auszudenken. Das hieße, mit einer Zeichnung auf einem weißen Blatt Papier zu beginnen und das Risiko einzugehen, unerprobte Ideen zu realisieren. Obendrein ließe sich kaum testen, wie das Publikum reagiert. Kurzum – es wäre ein Sprung ins Ungewisse.

In diesem Moment schreiben das Management von Alfa Romeo und vor allem seine Techniker eins der mutigsten und faszinierendsten Kapitel der Autogeschichte. Die Prototypen werden zur Seite gestellt, die Zeichnungen archiviert, und alle stürzen sich kopfüber in ein Projekt, das ganz einfach unter jeglichem Gesichtspunkt genial sein soll, strukturell, stilistisch und aerodynamisch. Auf der Habenseite steht schon allerhand: Die vorhandene Technik stellt bereits eine absolute Spitzenleistung dar und ist für die Konkurrenz noch unerreichbar. Die erste Entscheidung ist allerdings eine Hubraumvergrößerung auf 1600 cm^3 (mit deutlichen Veränderungen an etlichen Baugruppen). Zahlreiche Details werden verbessert, wesentliche oder tiefgreifende Neugestaltungen erweisen sich aber als unnötig.

Die Giulia entsteht

Die mit dem 1900 und der Giulietta (rechts ein „Übergangs"-Prototyp) gesammelte Erfahrung ist wertvoll, aber die Entwicklung der Giulia beginnt wieder bei null.

Unten links: Orazio Satta Puliga, Giampaolo Garcea und Giuseppe Busso bei der Startaufstellung des GP von Silverstone 1950 (das erste Formel 1-Rennen der Geschichte). Sie werden zu den „Schöpfern" des neuen Wagens gehören.

Unten rechts: Ein Modell der zukünftigen Giulia; zu Beginn hat die Form noch Flossen.

Mit neuem Esprit und der erklärten Absicht, das Auto der Zukunft zu entwerfen, beginnt man zu zeichnen. Der Wagen soll das Vorbild einer neuen Generation werden und sogar in der Lage sein, den aktuellen „Mainstream" umzuleiten. Eine heterogene Gruppe aus Ingenieuren, Theoretikern und Kreativen nimmt den Kampf mit dem Projekt eines „stilistisch neuen, strukturell robusten, mechanisch starken" Autos auf, um Jules Brac in *Style Auto* Nr. 9 zu zitieren, „in dem all diese

Rechts: Ein Prototyp wird während einer Testfahrt überrascht. Die Zeitschrift Quattroruote war im Besitz einer Reihe von Fotos eines Autos mit der Aufschrift „Giulietta 1600" und stand schon für die Schlagzeile bereit. Aber Alfa Romeo kam allen mit der offiziellen Präsentation in Monza zuvor.

Unten: Eine der ersten Ideen für eine Giulia-Karosserie, die später verworfen wird.

Der Präsident von Alfa Romeo, Giuseppe Luraghi, macht während der Pressevorstellung der nagelneuen Giulia vor der Tribüne in Monza ein zumindest nachdenkliches Gesicht. Tatsächlich sind die ersten Reaktionen der Journalisten nicht gerade enthusiastisch. Aber viele werden ihre Meinung nach dem überwältigenden Erfolg des Wagens widerrufen müssen.

Die Journalisten nehmen die Giulia während der Präsentation gründlich unter die Lupe. Zweifel an der hohen Qualität der Mechanik hat eigentlich niemand, die Form aber wird kritisiert, vor allem wegen der Vielzahl von Details und wegen des wie abgeschnitten wirkenden Hecks. In Quattroruote *wird sie „ein rundlicher Kasten" genannt.*

Elemente nicht nur zugunsten eines formal konsequenten Resultates verschmelzen, sondern in direkter Wechselwirkung miteinander stehen".

Die Absicht, der Giulietta einen Nachfolger zu geben, liegt seit einiger Zeit in der Luft, und die Erwartung der Alfisti ist groß. Die Fachpresse verstärkt vergeblich die „Beobachtungsposten" rund um das Werk und hofft, einen Blick auf irgendein Detail des neuen Wagens zu erhaschen. Im Frühling 1962 schließlich werden einige Prototypen angekündigt, und man bereitet sich auf einen Knüller vor. Sogleich kündigt die renommierte Zeitschrift *Quattroruote* in ihrer Mai-Ausgabe für die nächste Veröffentlichung eine „köstliche Neuheit" an. Aber auch in diesem Fall erstaunt Alfa Romeo jedermann und stellt in Monza, es ist der 27. Juni 1962, die neue Giulia TI der Öffentlichkeit vor.

Die Karosserie

Eine der weniger augenfälligen Neuheiten ist die *struttura portante a resistenza differenziata*, also etwa die „selbsttragende Struktur unterschiedlicher Stabilität". Im Klartext: Knautschzonen. Damit ist Alfa Romeo sowohl der Konkurrenz als auch den Sicherheitsvorschriften um Jahre voraus. Die Ingenieure betreten Neuland, und das Publikum kann zum Teil noch recht wenig damit anfangen. Brac schreibt: „Wir haben einen jungen Mann, Besitzer einer nagelneuen Giulia, gefragt: Glauben Sie nicht, dass die differenzierte Struktur des Innenraums oder das versetzte Lenkgetriebe unter dem Aspekt der Sicherheit nicht genauso wichtig sind wie die Form oder der Motor? Er hat uns daraufhin angeschaut, als wären wir Besessene und geantwortet: Von welchem Differenzial sprechen Sie, bitte?"

Heute ist die selbsttragende Karosserie mit gezielt verformbaren Elementen die Grundlage jeder neuen Entwicklung. Der zentrale Teil, die sogenannte Fahrgastzelle, wird als stabiles und nicht verformbares Element geplant, so dass die Insassen

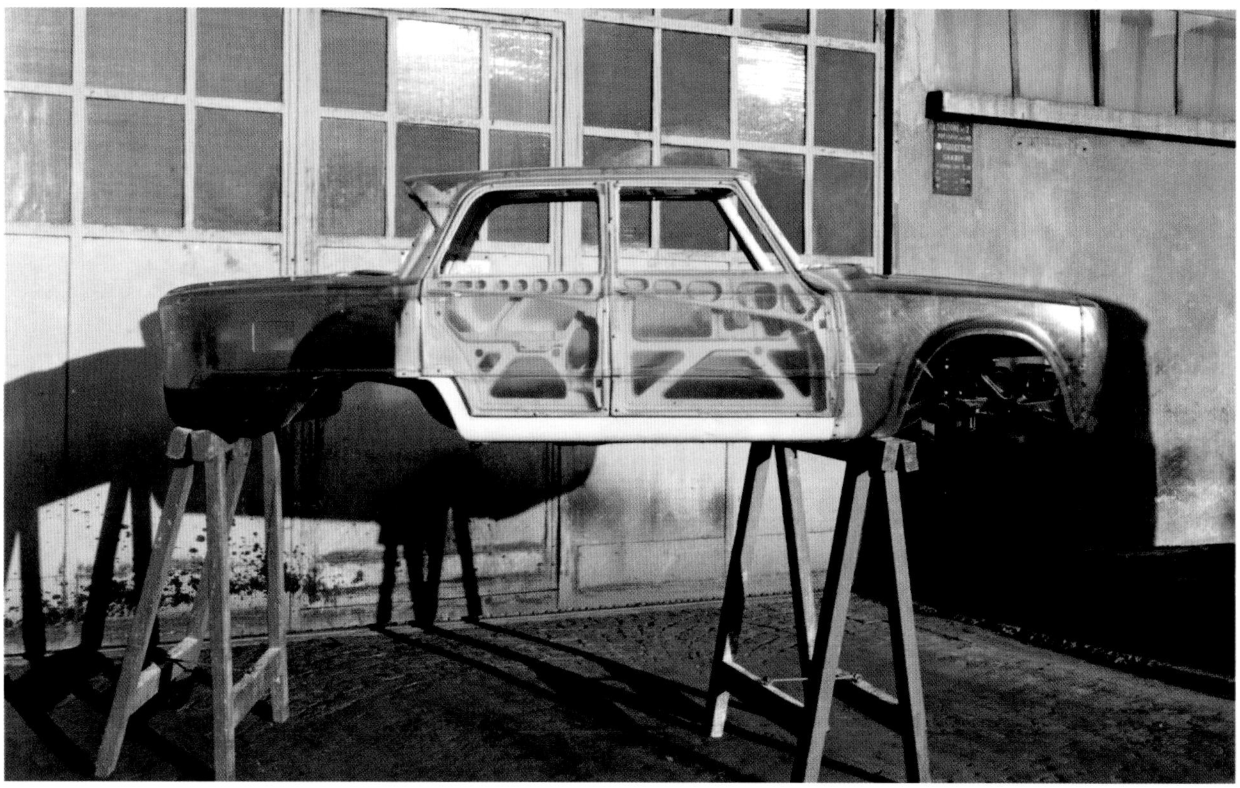

Es wird viel Arbeit in die Entwicklung der Karosserie der Giulia gesteckt. Sie sollte sicher sein (oben das Ergebnis eines Crashtests), aber auch leicht und aerodynamisch. Unten die Rohbaukarosserie mit transparenter Plexiglas-Außenhaut.

Rechts die Bodengruppe der Giulia-Karosserie.

Unten: Mit der Entwicklung einer „differenzierten Struktur“ – also von Knautschzonen – wird viel Wert auf die Sicherheit gelegt. Die Bilder von Crashtests werden verbreitet, und das Thema fließt in die Werbung ein.

bestmöglich geschützt sind. Bei einem Unfall sollen die Türen nicht aufspringen, sich aber nachher immer noch öffnen lassen. Nun würde bei der Kollision mit einem Hindernis eine starre Hülle die Aufprallenergie ungefiltert auf die Insassen übertragen, was zu schweren Verletzungen führte. Aus diesem Grund werden Wagenschnauze und Heck, also Motor- und Kofferraum so konstruiert, dass sie die Wucht eines Zusammenstoßes auffangen. Die Stabilität der Struktur nimmt daher von innen nach außen ab, um gleichsam stufenweise nachgeben zu können. Beim Zusammenstoß wird so das Blech mehr oder weniger schlimm zerknautscht, die Sicherheit der Insassen aber auf noch nicht dagewesene Weise vergrößert.

All dies geschah lange bevor 1965 das Buch *Unsafe at any speed* des US-Rechtsanwaltes Ralph Nader erschien und zum ersten Mal die Sicherheit von Autos in den Blickpunkt rückte. Eine weitere Vorwegnahme kommender Entwicklungen waren die ersten Crashtests, die in den USA erst 1965 und in Europa 1967 verpflichtend wurden.

Die Aufmerksamkeit, die man der Sicherheit entgegenbrachte – wir sprechen bislang von passiver Sicherheit – lässt nach der Entwicklung der Rohkarosserie nicht nach. Die Befestigungspunkte der Mechanik werden so konstruiert, dass sie im Falle des Unfalls nicht in den Innenraum eindringen. So war die starre Lenksäule einst die größte Gefahr für den ja noch nicht angegurteten Fahrer, weil sie ihn beim Frontalaufprall wie ein Speer durchbohren konnte. Bei der Giulia dringt nun die dank zurückversetzten Lenkgetriebes kürzere Säule im Falle eines Unfalls nicht mehr so weit in den Fahrgastraum ein und trägt obendrein ein tief geschüsseltes Lenkrad, das sich beim Aufprall leicht nach oben hebt.

Weitere Sicherheitsmaßnahmen sind später die auswerfbare Windschutzscheibe, die Einbaumöglichkeit von Sicherheitsgurten, Haltegriffe für die Insassen, stärker gepolsterte vordere

Unten: Einer der vielen Aufpralltests, denen die Giulia unterzogen wird. Gut zu erkennen ist das gezielt nach oben geführte Lenkrad. Die technischen Zeichnungen zeigen, wie das von der üblichen Position auf der Vorderachse zurückversetzte Lenkgetriebe der Sicherheit dienen soll.

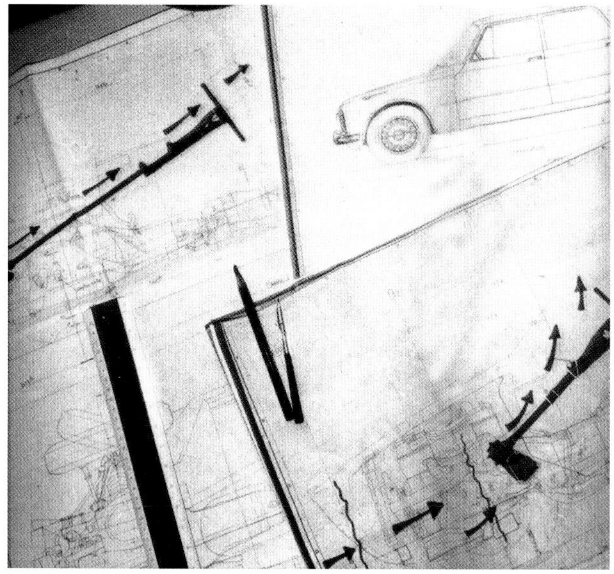

Rückenlehnen und das Fehlen von hervorstehenden Teilen im Fahrerinnenraum.

Es handelt sich um Konzepte, die heute selbstverständlich sind, seinerzeit aber einen veritablen Wettlauf um Fortschritte in der passiven Sicherheit mit dutzenden von Prototypen und hunderten von Lösungsvorschlägen in Gang setzen.

Das zweite Thema, mit dem die Techniker von Alfa Romeo einen Paradigmenwechsel einleiten, ist die Aerodynamik. Der berühmte Slogan „Der Wind hat die Giulia geformt" ist die knappe Formel, die am Ende einer langen Reihe gründlicher Forschungen und Experimente steht. Die Aufgabe wird daher der Design-Abteilung übertragen, die erst einige Jahre zuvor, 1958, als Unterabteilung der Karosserie-Abteilung, geführt von Ivo Colucci, ins Leben gerufen wurde. Zur Abteilung gehören Giuseppe Scarnati, Ettore Favilla, Ernesto Cattoni, aber auch der Bildhauer Nilo Zucchelli, der, mittlerweile weit entfernt von Tonmodellen, Kunststoffe mit Hilfe von rechnergesteuerten Fräsen und CAD-Technik „künstlerisch" modelliert und

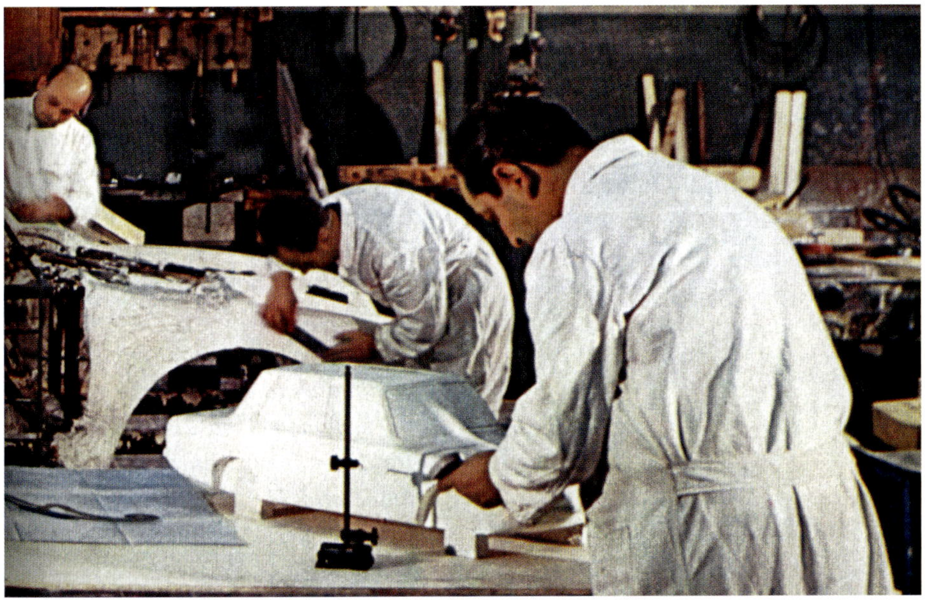

Zwei Aspekte des Karosserie-Entwurfs. Die Designer modellieren die schöne Wagenform in Gips, während die Marketing-Abteilung den Akzent auf aktive und passive Sicherheit setzt. Der Slogan oben lautet: „Warum ein Alfa? – Weil er eine Sicherheitsstruktur hat!" Unten stellt und beantwortet der Werber die Frage „Was weiß denn ein Kind von Sicherheit?" und zieht das Fazit: „Alfa Romeos Stärke ist die Sicherheit."

die technischen Entwürfe getreu umsetzt. Später kommen Silvio Sala (bereits ein geschätzter Designer von Modellen im Maßstab 1:1 in der Karosserie-Abteilung), Antonio Moneta, Giorgio Pavesi und Renzo Sfondrini dazu.

Ettore Favilla erinnert sich: „Uns wurde eine ganze Halle und in relativ kurzer Zeit auch das nötige Handwerkszeug bereitgestellt. Wir haben den Raum in drei Zonen aufgeteilt. Für einige Zeit beschränkte sich die Arbeit auf Anpassungen der vorherigen Modelle, also der Giulietta und des 1900. Schließlich hat uns Ingenieur Orazio Satta, der Planungsdirektor war, mitgeteilt, dass wir an einem neuen Produkt arbeiten sollten, einem Auto, das die Giulietta, diesen großartigen Wagen, dessen Zenit aber leider überschritten war, ersetzen sollte.

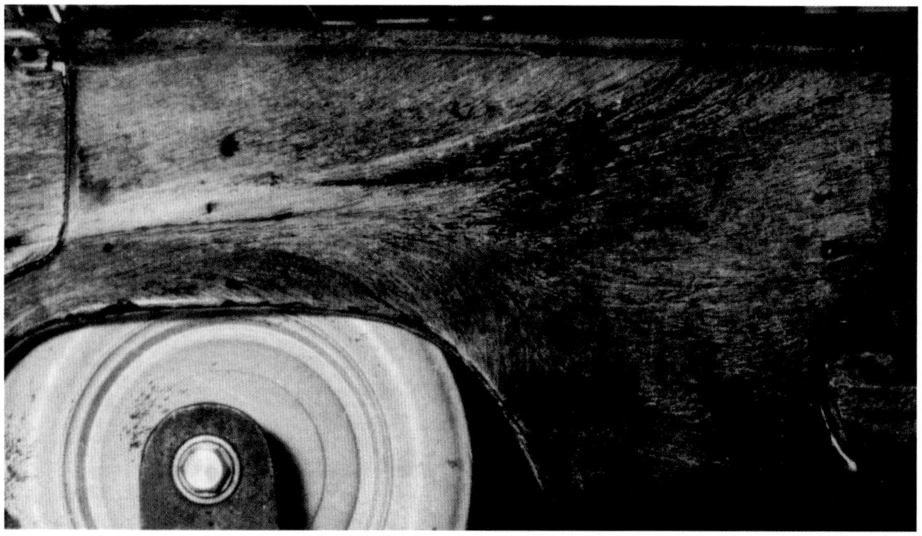

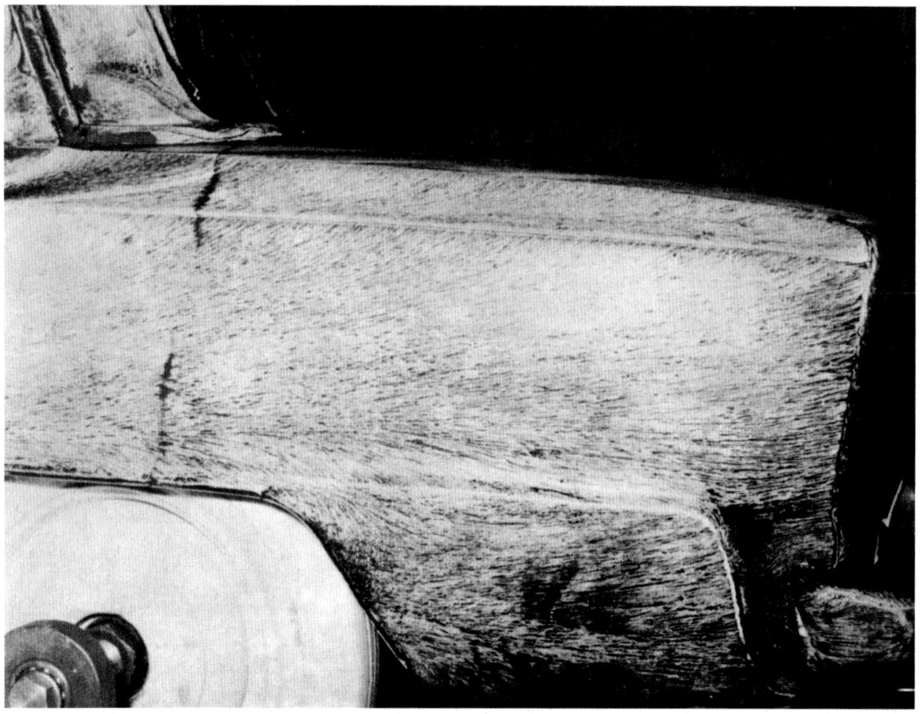

Zeugnisse langwieriger Tests im Windkanal: An verschiedenen Prototypen werden die Daten mit Hilfe von Wollfäden oder Farbtropfen überprüft. Von den ersten Lösungen mit Flossen gelangt man schließlich zur endgültigen Form mit dem Kamm-Heck.

Ein Werbeblatt mit dem berühmtesten Slogan der Giulia: „Der Wind hat sie geformt."

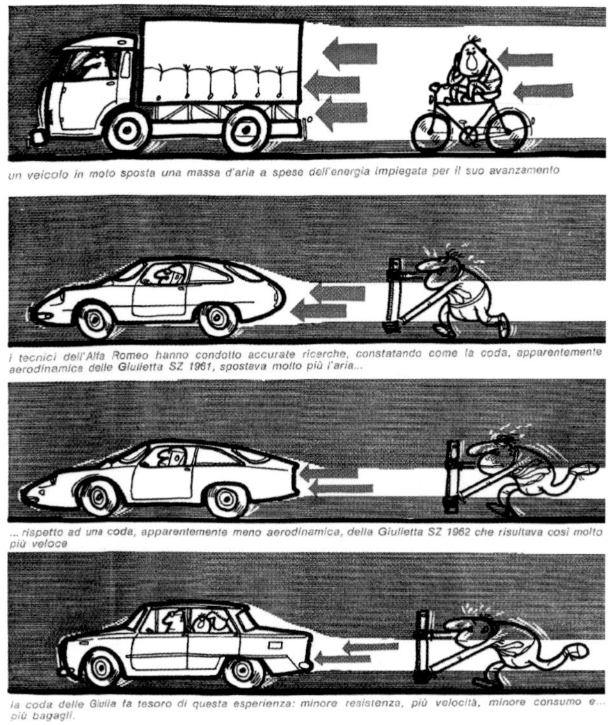

Eine Abbildung, die mit der Pressemappe veröffentlicht wird und nicht ohne Humor die Vorteile der coda tronca (des Abrisshecks) veranschaulicht. Wie man sehen kann, verdankt die Giulia ihre Form den langjährigen Rennsport-Erfahrungen mit der Giulietta SZ, die es erst mit Rund- und dann mit Abrissheck gab.

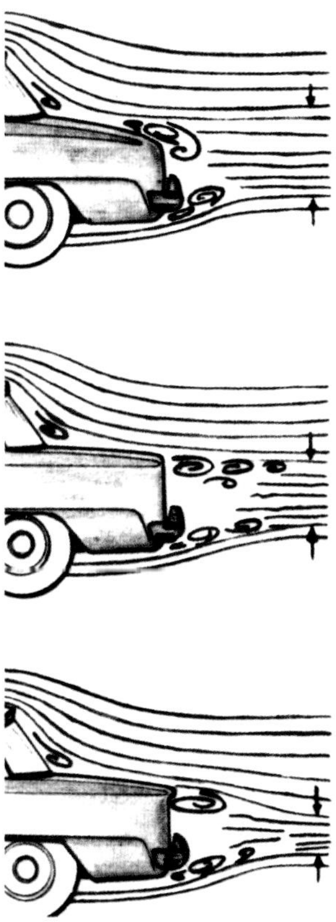

Unten: Eine Zeichnung erklärt die Effizienz des abgeschnittenen Hecks im Vergleich zu weniger „extremen" Lösungen. Am Ende wird der Luftwiderstandsbeiwert (c_w) der Giulia lediglich 0,34 betragen, was dem des Porsche 911 entspricht – und sehr viel besser ist als bei der gesamten übrigen Konkurrenz (der Fiat 1500 und der BMW 1600 bringen es auf 0,42) und sogar günstiger als beim Sprint GT (0,38).

Eins der komplexesten Probleme stellte die Aerodynamik dar. Zu jener Zeit steckte diese Wissenschaft noch in den Kinderschuhen. Das andere Problem war, gleichzeitig eine möglichst schnittige Karosserie, einen großen, voluminösen Motor, einen bequemen Innenraum und einen geräumigen Kofferraum zu verwirklichen."

Auf der Suche nach der besten aerodynamischen Form wurde viel Aufmerksamkeit auf eine möglichst kleine Stirnfläche sowie eine möglichst schlanke und gestreckte Linie besonders im Heckbereich gelegt. Schon in den 1930er Jahren hatte man mit dem entscheidenden Beitrag von Wunibald Kamm, einem führenden Aerodynamik-Experten, begonnen, die ideale aerodynamische Form des Autohecks zu definieren.

Die Ergebnisse vieler Untersuchungen legten nahe, dass die Idealform eines Autos tropfenförmig sei, also mehr oder weniger spitz nach hinten auszulaufen habe. Eine entsprechende Anpassung erlaubt tatsächlich dem Luftstrom, immer eng entlang der Karosserie zu verlaufen und keine Turbulenzen zu bilden. Treten letztere auf, so bilden sie eine Luftmasse wie eine Art Kielwasser, die das Auto zwangsläufig mit der Motorkraft hinter sich her ziehen muss. Dadurch werden die Leistung und Effizienz des Wagens reduziert. Ein extrem langes und konisches Heck ist aber wegen der enormen erforderlichen Größe für Fahrzeuge schlecht realisierbar. Außerdem sieht es nicht besonders schön aus. Die Lösung, die Kamm 1935 bis 1936 (zeitgleich auch Koenig-Fachsenfeld und Everling) entwickelt hatte, sah hingegen vor, das Heck ab einem bestimmten Abstand von der hinteren Linie des Mittelteils genau an dem Punkt abzuschneiden, oder besser gesagt, zu kürzen, an dem der Luftstrom sich von der Karosserie ablöst. Davon versprach man sich nur geringfügig schlechtere aerodynamische Ergebnisse als von einem langen Heck.

Außerdem ließen sich mit dem kompakten Abrissheck in Form und Dimension viel vernünftigere Karosserien verwirklichen. Bei Alfa Romeo hatte man bereits während der Entwicklung des 1900 Ende der 1940er Jahre mit der Form des Hecks experimentiert. Auf der Rennstrecke von Monza (zeitweise auch auf öffentlichen Straßen) wurden zwei Versuche unternommen. Einer diente der Ermittlung der Höchstgeschwindigkeit, die allerdings durch äußere Einflüsse wie die Motorleistung beeinflusst werden konnte. Der zweite Versuch bestand darin, den Wagen ab Erreichen einer definierten

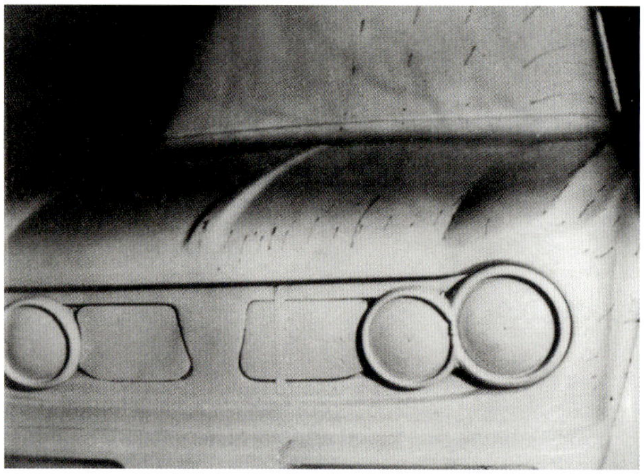
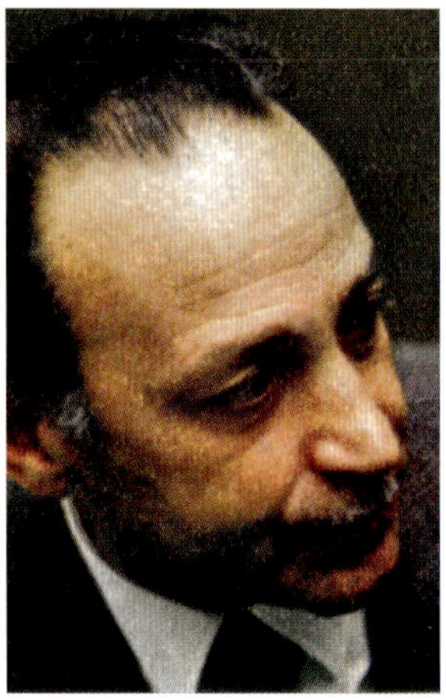

Zwei Persönlichkeiten, die eine entscheidende Rolle in der Entwicklungsphase der Giulia gespielt haben: Chefdesigner Giuseppe Scarnati (oben) und Ivo Colucci, Leiter der Abteilung Karosserie.

Rechts: Ein nahezu endgültiges Modell wird im Windkanal getestet.

Geschwindigkeit im Leerlauf auslaufen zu lassen und die Geschwindigkeitsreduzierung zu messen.

Einige dieser Experimente galten vor allem der Form des Hecks. So wurde mit Abstandshaltern die Position des Kofferraumdeckels (mehr oder weniger geöffnet) variiert. Es stellte sich heraus, dass ein hohes und kurzes Heck imstande ist, den Luftstrom vom Fahrzeugdach gleichsam aufzunehmen und die Ablösung von der Karosserie mit verminderter Wirbelbildung zu Gunsten der Leistung zu verzögern. Die Form war im Großen und Ganzen auch mit der Linie des Wagens in Einklang zu bringen. Allerdings entscheidet man sich bei der Giulia aus Gründen der Ästhetik und der Vermarktung dafür, extreme Formen aufzugeben und die klassischere Linie der Giulietta fortzusetzen.

Die Studien werden auch in den darauffolgenden Jahren weitergeführt, berichtet Ettore Favilla. „Nach einigen Versuchen machten wir an den Modellen jene Zonen, die einen höheren Luftwiderstand boten, deutlich aus, und es begannen die Änderungen. Am Ende erhielten wir etwas, das noch am ehesten einem Auto glich. Das Modell wurde daher für Tests in den Windkanal nach Turin gebracht. Wir hatten dem Heckteil ein fließendes Aussehen gegeben. Die Tests zeigten uns aber, dass ein kurzes Heck sehr viel besser war."

Giuseppe Scarnati unterstreicht das noch einmal: „Es wurde bestätigt, dass ein abrupter Abriss des Hecks zu einer Verbesserung des Ablösens der bremsenden Luftmasse führte. Die Länge des Kofferraums wurde festgelegt, indem man einen Kompromiss zwischen aerodynamischen Anforderungen und Ladekapazität schloss. Die Zeichnungen wurden durch das berühmte ‚Knochenheck' verfeinert. Die Tests im Windkanal zeigten, dass die Turbulenzen durch ein Anheben und ‚Einziehen' des Hecks abnahmen!"

Der Weg von der wenig aerodynamischen Giulietta zur Giulia erfolgt aber schrittweise. In diesem Zusammenhang spielen Autorennen eine wichtige Rolle. Sie erlauben, die vielen Theorien in der Praxis zu überprüfen, ohne gleichzeitig ein übertriebenes wirtschaftliches Risiko einzugehen.

Ende der 1950er Jahre begann die Giulietta SZ Schwächen in Bezug auf die Höchstgeschwindigkeit zu zeigen. Die geänderte Linienform und der Einsatz der *coda tronca* (des Abrisshecks) brachten aber massive Vorteile und verbesserten die Situation nachhaltig. Das war schon ein großartiges Resultat. Eine solch radikale Lösung auf eine Großserienlimousine zu

Unendlich lange feilen die Designer am Äußeren der Giulia. Skizzen, Zeichnungen und Modelle in Gips, Ton und Blech zeugen von der mühsamen Suche nach der besten Form.

übertragen, war aber eine noch sehr viel größere Herausforderung.

Die Parole heißt aber „Neuheit“ und die Form der Giulia wird nicht nur am Heck „vom Wind gezeichnet“, sondern in jedem Zentimeter der Karosserie. Nicht enden wollende Tests mit Modellen und Prototypen folgen, in denen jegliche Turbulenzen, Wirbel und Luftströmungen, die sich durch aufgeklebte Wollfäden sichtbar machen lassen, beobachtet, fotografiert und ausgewertet werden. Die Front wird abgesenkt, verjüngt und von jeglichen Überständen befreit, die Luftwiderstand erzeugen könnten. Die Stirnfläche wird ebenfalls reduziert.

Zunächst wird von einem Modell aus Plastilin alles überflüssig Erscheinende abgehobelt, danach werden Vertiefungen in die Seiten und das Dach geformt. Das verringert den Luftwiderstand und trägt dazu bei, dass die Luftströme gezielt zum Abrissheck geführt werden, wodurch bei hohen Geschwindigkeiten und bei Seitenwind größere Stabilität gewährleistet wird. Ein zusätzlicher positiver Effekt ist, dass die Flanken und das Dach durch die Profilierung der Bleche erheblich versteift werden. Scarnati und Cattoni erinnern sich daran, dass Satta ständig wiederholt habe: „Schmaler, schmaler!“ Die Giulia der ersten Zeichnungen ließ er um 70 mm verschmälern. Sein planerischer Glaubenssatz für einen Alfa lautete *snellezza e leggerezza* (Schlankheit und Leichtigkeit).

Das Karosserieprojekt der Giulia scheint also vor allem von zwei Faktoren beherrscht zu sein: Sicherheit und Aerodynamik. Tatsächlich gibt es noch zwei weitere, zumindest genauso wichtige Faktoren für eine Serien-Limousine, nämlich Komfort und Design.

Was Ersteres betrifft, sind die Ergebnisse überraschend. Die Tatsache, dass man bei null hat anfangen müssen, hat den Technikern die Möglichkeit geboten, Fahrgastkabine und

Linke Seite: Designer bei der Arbeit im späteren Centro Stile Alfa Romeo. Der Modellbauer Nilo Zucchelli formt eine Plastilin-Giulia; eine Entwurfszeichnung und einige Skizzen des Wagens.

Kofferraum optimal zu dimensionieren. Darüber hinaus hat die Verbesserung der Aerodynamik durch die Entfernung von allem Überflüssigen dazu geführt, dass die Gesamtabmessungen stark verringert werden konnten. Das Verhältnis Komfort-Raumbedarf ist daher sehr viel besser, als man mit bloßem Auge zu sehen glaubt. Der Raum zwischen den Sitzen und den Pedalen sowie zwischen Vorder- und Rücksitzen ist großzügiger als bei wesentlich größeren Wagen, auch wenn die Zulassung für sechs Personen von der Presse oft als optimistisch bewertet wird. Ansehnlich ist hingegen das Fassungsvermögen des Kofferraums, der mit seinen 500 Litern in dieser Klasse Spitze ist. Was die Journalisten an jenem 27. Juni in Monza verblüfft und in mancher Hinsicht verwirrt, ist jedoch das Design. Das Urteil, das am Tag danach *Quattroruote* fällt, lautet: „Ästhetik: originell, wenn auch ein bisschen zu stark verspielt, die Front ist geglückt, das Heck zu stumpf." Herausgeber Mazzochi kommentiert: „Auf den ersten Blick scheint die Linie der Giulia TI eher befremdlich und wenig überzeugend. Sie ist

Zwei Modelle in Gips, die zwei Lösungen repräsentieren. Eine ist der späteren Endfassung sehr ähnlich (oben), die zweite wird verworfen.

Der endgültige Entwurf der Giulia TI, eine Frontalaufnahme und zwei der offiziellen Fotos aus der Pressemappe zeigen zwei der aerodynamisch wertvollen Details: Die abfallende, stumpfe Nase und die coda tronca *mit dem eingezogen Heckspiegel.*

ein abgerundetes Quadrat. Wenn man sich dann indes etwas genauer eingesehen und die Details analysiert hat, wird man einer gewissen Anmut gewahr, die nicht ohne Originalität ist. Ja, vielleicht ist es gerade die exzessive Suche nach Originalität oder vielmehr die Detailverspieltheit, mit der die Designer von Alfa Romeo es übertrieben haben." Aber es wird auch deutlich schärfere Kritik geben.

Auf der anderen Seite muss anerkannt werden, dass es keinen adäquaten Vergleich gibt. Außerdem haben die Designer die ungewöhnlichen Proportionen gewählt, um den wissenschaftlichen Erkenntnissen in Bezug auf die Aerodynamik gerecht zu werden. Das Ergebnis ist sicherlich sehr eigenwillig, aber auch faszinierend. Daher werden nicht wenige ihre negativen Urteile später revidieren, insbesondere nach dem großen Publikumserfolg, der sich bald nach der Präsentation einstellt.

Oben: Die für die äußeren Formen verantwortlichen aerodynamischen Studien hatten keinen negativen Einfluss auf Komfort und Zweckmäßigkeit des Innenraums.

Rechts: Das inszenierte Foto zeigt die Harmonie der energisch und straff gezeichneten Linien.

Das Äussere und das Innere

Sehen wir uns genauer an, was die Giulia zu dem gemacht hat, was sie ist. Der Wagen präsentiert sich als spritzige Stufenheck-Limousine. Sie ist 4150 mm lang, 1500 mm breit, 1430 mm hoch und hat einen Radstand von 2510 mm. Den niedrigen schlanken Bug beherrschen die vier Rundscheinwerfer. Die beiden äußeren Abblendlichter haben einen größeren Durchmesser als die inneren Fernlichter, die nach Aussage des Herstellers im Winter gegen Nebelscheinwerfer hätten ausgetauscht werden können. Eine Lösung, die *Quattroruote* als „von zweifelhafter Legalität" bezeichnen wird. Standlichter und Blinker sind hingegen horizontal über der Stoßstange angeordnet, die zwei Hörner mit Gummileiste trägt. Der verchromte Ziergrill besteht aus einem einzigen Bauteil und schließt die vier Scheinwerfer und den *scudetto* mit einem von horizontalen Leisten geprägten Grill ein. Auf der Motorhaube verläuft mittig eine Chromleiste.

Verchromt sind auch die Arme der gegenläufigen Scheibenwischer, die Zierleisten des Windschutzscheibengummis, die beiden Zierleisten an den seitlichen Blinkern, die Regenrinnenleisten, die Türgriffe (deren Drückknöpfe aus Sicherheitsgründen nicht über das Profil herausragen) sowie eine dünne Zierleiste, die die Heckleuchten umschließt. Die Windschutz-

Die Presse moniert vor allem, dass die Karosserie der neuen Giulia zu verspielt geraten sei.

Oben: Die Schnittzeichnung mit den Abmessungen des Innenraums macht deutlich, dass alle Insassen es vorn wie hinten bequem haben.

Unten: Armaturentafel und Lenkrad der Giulia. Die Abbildung bezieht sich auf den 1300er, der ein Vierganggetriebe und bereits Knüppelschaltung auf dem Mitteltunnel hat. Das Armaturenbrett wird für die Super-Ausführung neu entworfen.

und die Heckscheibe sind stark geneigt und an den Seiten aus aerodynamischen Gründen stark gewölbt. Die Wagenflanken und das Dach weisen ausgeprägte Sicken auf.

Markant ist die erhabene waagerechte Profilleiste, die unmittelbar hinter dem vorderen Radkasten beginnt und schräg

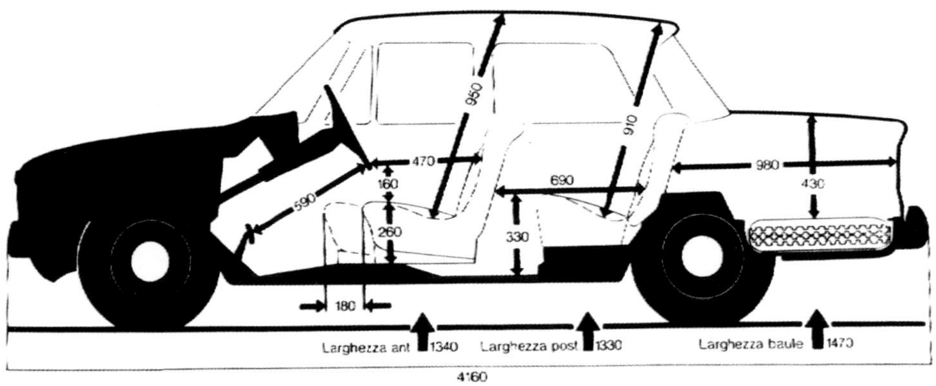

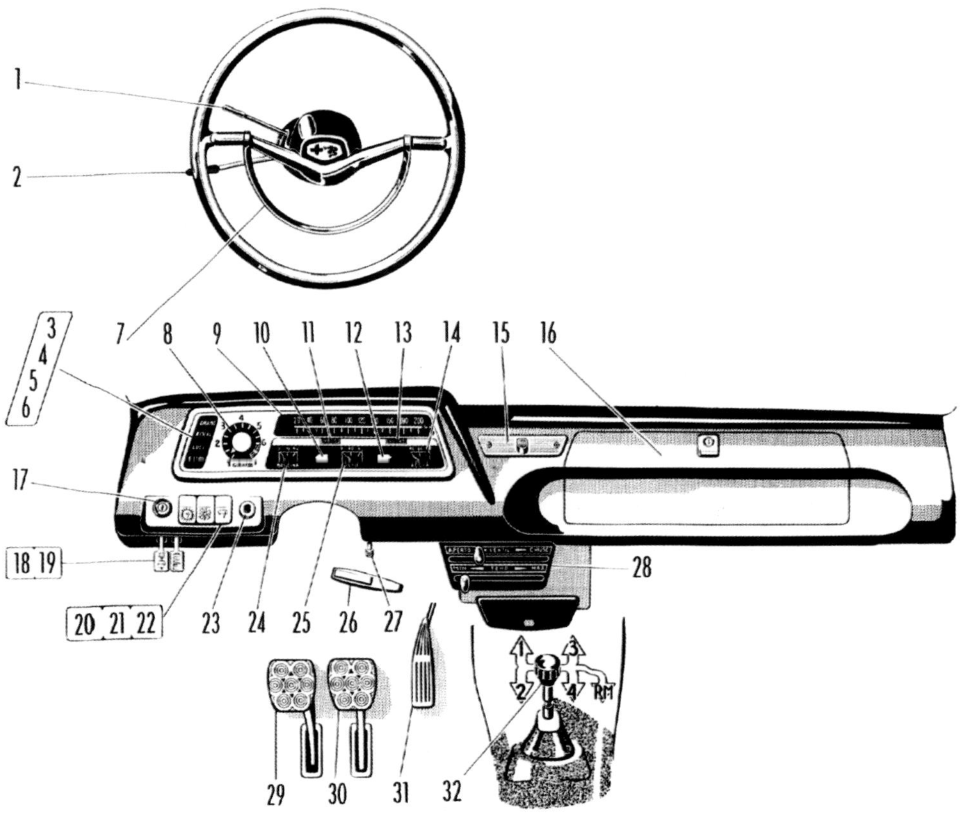

zur hinteren Stoßstange hin abfällt, nachdem sie horizontal das hintere Radhaus „abgeschnitten" hat. Charakteristisch sind vor allem die stark ausgeprägte Sicke im Kofferraumdeckel, der die früheren Giulia-Baureihen den Spitznamen Knochenheck erst verdankten, und der eingezogene Heckabschluss, den eine ebenfalls mit Hörnern samt Gummileisten versehene Stoßstange schützt.

Marken- und Typenbezeichnung am Heck bestehen aus zwei Schriftzügen, für die eine charakteristische Schriftart aus „durchgestrichenen" Kapitälchen gewählt wurde: mittig auf der Kofferaumhaube gleich über dem Schloss „Alfa Romeo" und unmittelbar oberhalb des rechten Rücklichtes „Giulia TI". Die gelochten Stahlfelgen tragen verchromte Radkappen mit dem Schriftzug „Alfa Romeo" auf einem schwarzen Plastikring.

Der Innenraum ist geräumig und hell, wobei die großen Scheiben und die schlanken Säulen die rekordverdächtig gute Rundumsicht von 88 Prozent gestatten. Die Fahrerposition wird übereinstimmend als bequem und gleichzeitig sportlich definiert. Alle Bedienungselemente sind sehr leicht zu betätigen, und die Pedale sind gut positioniert. Bemängelt wird, dass der Fahrer vom zweiten Gang zu leicht direkt in den fünften wechseln kann statt in den dritten – wahrscheinlich sind die Kritiker einfach noch nicht an Fünfganggetriebe gewöhnt!

Das Armaturenbrett ist horizontal ausgerichtet, antireflektierend, frei von vorstehenden Teilen und mit einem Haltegriff für den Beifahrer ausgestattet, den einige Kritiker für „immer noch zu wenig gepolstert" halten. Oberhalb des Griffes verläuft der Länge nach ein Band, das auf dem Handschuhfachdeckel den Schriftzug „Giulia TI" trägt. In der Mitte findet sich der Aschenbecher und unterhalb des Armaturenbrettes die Heizungs- und Lüftungsbedienung. Der Knebelgriff der Handbremse ist rechts von der Lenksäule dem Fahrer leicht zugeneigt montiert. Links vom Lenkrad finden sich das Zündschloss, die Bedienung für die Scheibenwaschanlage und drei Schalter für die Armaturenbeleuchtung, die Scheibenwischer und den Lüfter. Darunter liegen die beiden Hebel für Handgas und Choke, während die Motorhaubenentriegelung etwas zurückgesetzt ist.

Die Instrumententafel ist trapezförmig und wird von einem leichten Schirm aus nicht reflektierendem Material überdacht. Im Vordergrund stehen der runde Drehzahlmesser und der seinerzeit modische Bandtacho mit einer Skalierung bis 200 km/h. Darunter liegen neben dem Kilometerzähler drei Instrumente, die Benzinstand, Öldruck und Wassertemperatur anzeigen,

Oben: Das Innere der Giulia TI ist geräumig und bequem, aber die Verarbeitung der Klasse des Wagens nicht angemessen.

Unten links: Ein echter Reisewagen. Beeindruckende 500 Liter fasst der Kofferraum.

Unten rechts: Todschick mit „Fieberthermometer"-Tacho ist die Giulia nächtens mit damals respekteinflößenden 160 Sachen auf der Autostrada unterwegs, auf der offenbar noch kein Tempolimit herrscht.

dazwischen die Blinker-Indikatoren. Ganz links liegen die vier Leuchtanzeigen für die Stromversorgung, den Betrieb der Lüftungsanlage, die Lichter und die Treibstoffreserve.

Das Lenkrad aus Bakelit hat einen beachtlichen Durchmesser und zwei Speichen aus hellem Plastik die vom Hupring an V-förmig zur Nabe zusammenlaufen. Auf der Nabe ist ein extrem stilisiertes Firmenlogo angebracht. Die Hupe wird durch Druck auf den halbkreisförmigen Ring am Lenkrad ausgelöst. An der Lenksäule sind links zwei Hebel für die Fahrtrichtungsanzeige und die Lichter sowie rechts der sehr viel größere Hebel der Gangschaltung angebracht. Die Vordersitze (für drei Personen vorgesehen) sind als Bank mit separater Verstellung der Rückenlehnen ausgelegt. Eine Entscheidung, die viel Kritik in Bezug auf den Komfort des dritten Passagiers hervorrufen wird. Vor allem wird aber kritisiert, dass bei einem Wagen mit eindeutig sportlichem Charakter der Seitenhalt mangelhaft sei. Die Rückbank hat eine aus dem Rückenteil ausklappbare Armlehne.

Die stehenden Pedale sind mit Scharnieren am Wagenboden befestigt, der mit Teppichboden ausgekleidet ist. Die Innenbeleuchtung wird durch zwei Deckenleuchten gewährleistet, die in die Füße der hinteren Haltegriffe integriert sind und sich über einen Schalter (auf den B-Säulen) bedienen lassen. Sie schalten sich automatisch beim Öffnen einer der vier Türen ein. Auch die Beleuchtungen von Koffer- und Motorraum werden automatisch beim Öffnen der Hauben eingeschaltet.

Außer der vorderen Sitzbank gilt die Kritik vor allem dem übertriebenen Einsatz „billigen" Kunststoffes und der Qualität der Bezüge, vor allem in Anbetracht des nicht gerade niedrigen Listenpreises von 1.622.000 Lire. Das sind gut 330.000 Lire mehr als der Fiat 1500 kostet. Schlechte Noten gibt es auch für die Fensterkurbeln an den Türinnenseiten und für die seitlichen Ausstellfenster, die bei hoher Geschwindigkeit laut sind und aufgrund des effizienten Belüftungssystems mittlerweile für überflüssig gehalten werden.

Innenraum und Armaturenbrett der Giulia TI. Sitzbank und Lenkradschaltung werden für einen Wagen mit ausdrücklich sportlicher Note als eindeutig unangemessen kritisiert.

Die Technik

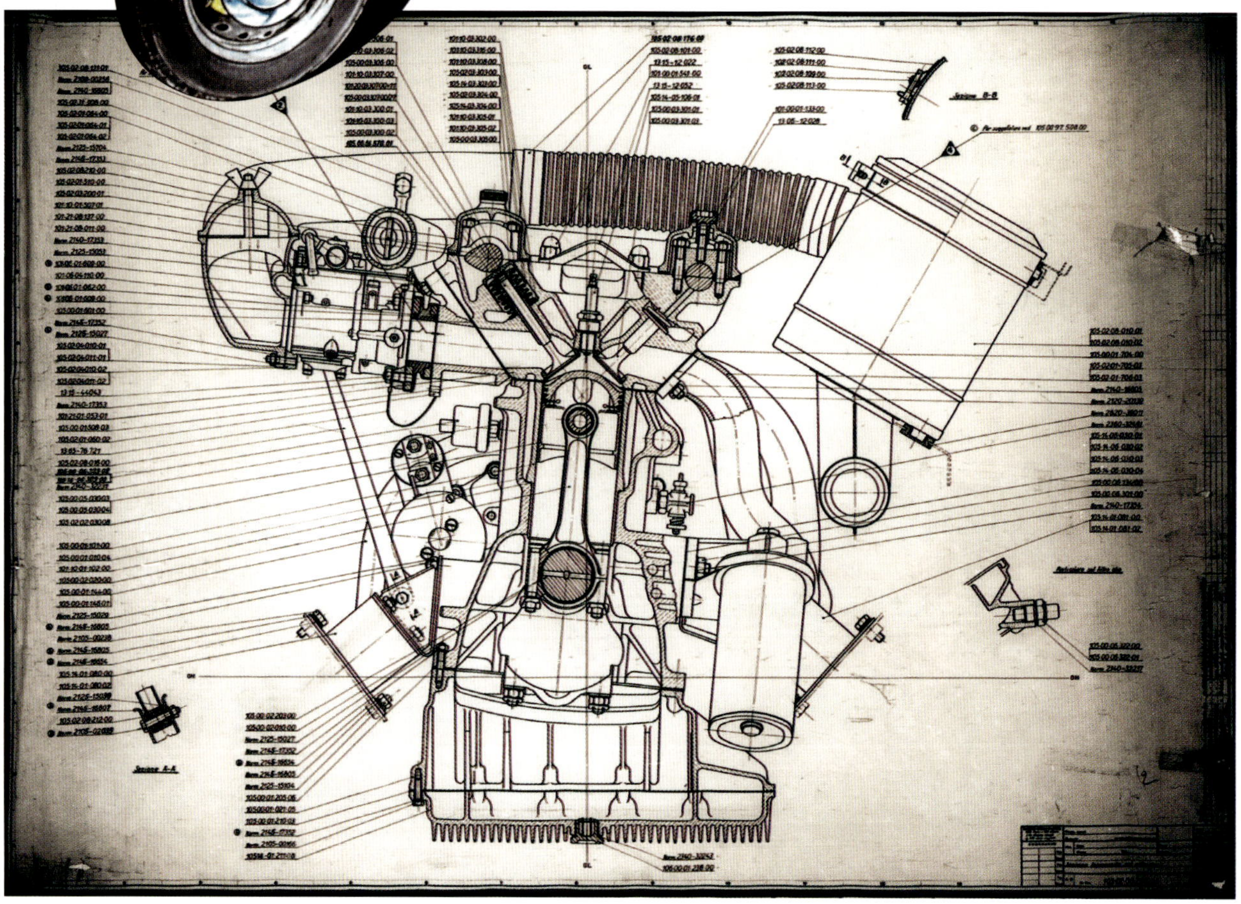

Oben: Die Röntgenzeichnung dieses 1300ers zeigt die aufwändige Konstruktion.

Unten: Ein Querschnitt durch den Alfa Romeo bialbero *mit 1570* cm^3*. Beim dargestellten Doppelnocker mit zwei Doppelvergasern handelt es sich um den der Giulia Super.*

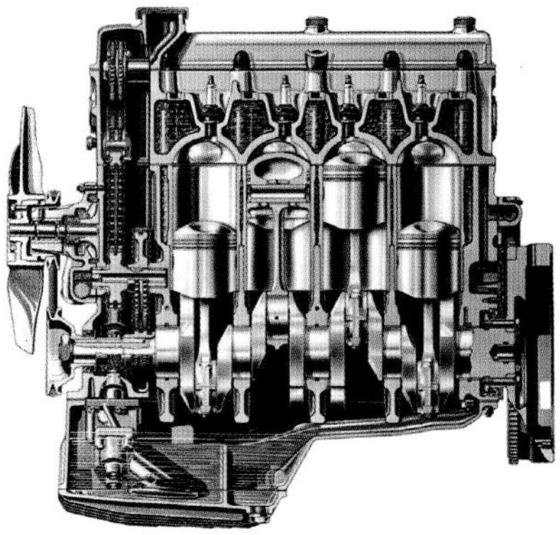

Eine Innenansicht des Motors und Zeichnungen der vorderen und der hinteren Radaufhängung. Damals ließ sich noch mit einer hinteren Starrachse werben – freilich mit einer ausgefuchst konstruierten.

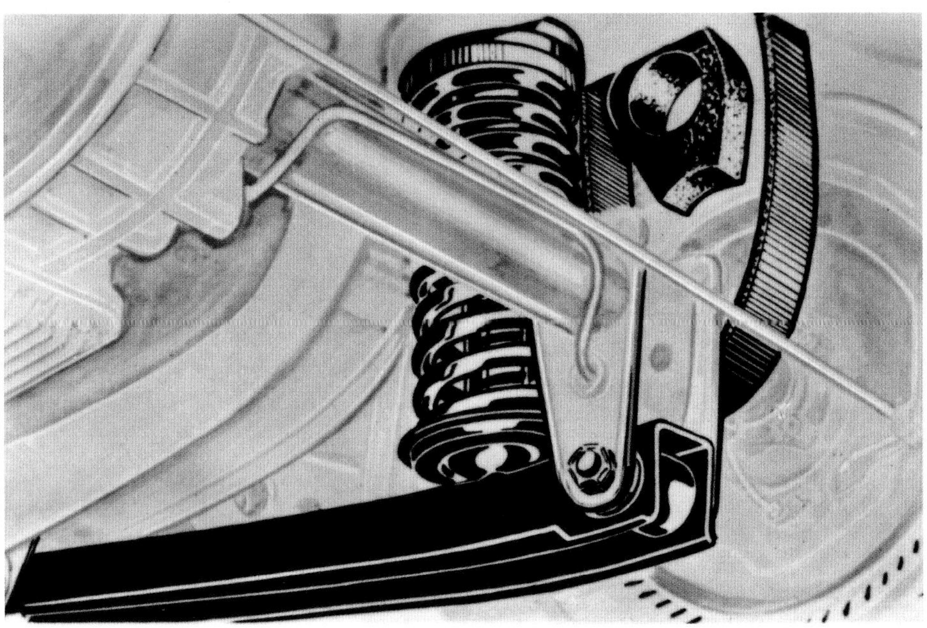

Die Stärke der Giulia, die seit den ersten Annäherungsversuchen der Journalisten auf den Straßen um die Rennstrecke von Monza ganz offensichtlich ist, besteht in ihrer ausgefeilten und zuverlässigen Mechanik, die sie in die Lage versetzt, spürbar bessere Leistungen zu erbringen als die Konkurrenz.

Die Giulia als „Ableger" der Giulietta anzusehen, ist ein Klischee ersten Ranges, mit dem aufgeräumt werden sollte. Die grundsätzliche Konfiguration ist ganz offensichtlich die gleiche, und damit zu jener Zeit ohnehin nicht ungewöhnlich, aber damit hören die Gemeinsamkeiten auch schon auf.

Die Karosserie ist vollkommen neu, ebenso die vordere Radaufhängung mit einem Trapezlenker, nunmehr frei von Stellen, die regelmäßig geschmiert werden müssen, mit Schraubenfedern und weiter außen montierten Dämpfern. Das spart Platz und verbessert die Fahrwerksgeometrie. So taucht der Wagenbug nicht mehr so tief ein, wofür die Giulietta noch stets kritisiert worden ist. Ein kräftig dimensionierter Tragarm nimmt die Längsbewegungen auf. Außerdem ist ein Stabilisator montiert.

Die Hinterradaufhängung ist vollständig überarbeitet, um die Leistung zu verbessern und gleichzeitig Platz für einen größeren Kofferraum zu schaffen. Die Starrachse ist mit der Karosserie über zwei Führungsstreben aus profiliertem Stahlblech verbunden, auf die auch die Federbeine wirken, die auf diese Weise den vertikalen Platzbedarf sehr verringern. Die Querbewegungen werden hingegen von einem Reaktionsdreieck aufgefangen, das am Differenzialgehäuse (traditionell aus Leichtmetall) befestigt ist.

Zunächst sind vorn Trommelbremsen mit drei Bremsbacken vorgesehen. Die Trommel besteht aus Grauguss und trägt

schraubenförmige Kühlrippen aus Leichtmetall – eine technische Delikatesse. Sie werden als effizienter und zuverlässiger angesehen als die ersten Scheibenbremsen, die in jener Zeit auch im Serienwagenbau Einzug halten, aber weder im Straßenverkehr noch auf der Rennstrecke mit den von Alfa Romeo entwickelten „tre ceppi" („drei Bremsbacken") mithalten.

Das Lenkgetriebe an der Spritzwand muss genauso wenig wie das gesamte Gestänge regelmäßig geschmiert werden. Der Motor ist ein klassischer (oder wenigstens wurde er das letztlich durch die Giulia) Reihen-Vierzylinder mit zwei Nockenwellen, besteht komplett aus Leichtmetall und hat nasse Zylinderlaufbuchsen. Die Verwandtschaft mit dem „alten" 1300er ist eng, aber der Motor wurde trotzdem neu entwickelt. Der Motor der Giulietta war zwar mit der Absicht und der Möglichkeit entstanden, den Hubraum erhöhen zu können. Das aber war vor der Produktion der Giulia mit dem Schritt von 1100 auf 1300 cm³ bereits geschehen. Für den nächsten Schritt hin zum 1600er (1570 cm³, 78 x 82 mm) ist es also

Motor und Getriebe der Giulia TI, komplett in Leichtmetall. Die Zeichnung unten zeigt die fünf Hauptlager der Kurbelwelle; eine seinerzeit erlesene Lösung, in deren Genuss gewöhnlich nur Rennmotoren kamen.

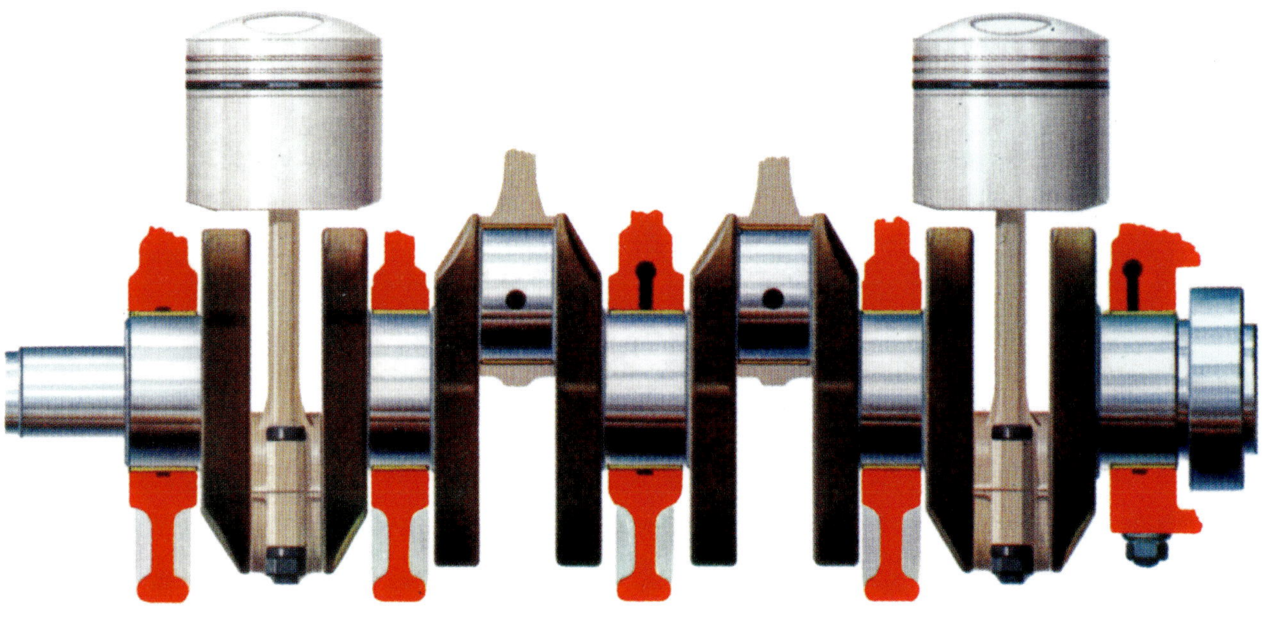

Zum Beispiel (per esempio): Die Werbung zeigt die vielen raffinierten technischen Lösungen, die bei der Giulia angewandt werden, etwa das relativ niedrige Verdichtungsverhältnis, die zweifache Nockenwelle und natriumgekühlte Ventile. Die Botschaft ist stets die gleiche: Die Alfa-Romeo-Technik bedeutet Sicherheit.

erforderlich, die Basis anzupassen. Die Ölwanne wird komplett neu gestaltet, indem sie großzügig abgesenkt wird und eine exponierte Lage einnimmt, die bessere Kühlung ermöglicht.

Der Antrieb der zwei obenliegenden Nockenwellen erfolgt durch zwei Ketten, und die Ventile (zwei pro Zylinder mit halbkugelförmigen Brennräumen) werden direkt über dazwischen liegende, im Ölbad gelagerte Ventilstößelbecher gesteuert.

Die Gemischaufbereitung übernimmt ein Doppel-Registervergaser mit Beschleunigerpumpe. Der Auspuffkrümmer vier-in-zwei-in-eins ist eine Besonderheit von Alfa Romeo, die unmittelbar aus dem Motorsport stammt. Er verhindert sowohl schädliche Turbulenzen als auch Rückfluss und sorgt so für bessere Füllung der Brennräume. In der Werbung besonders angepriesen wird die Verwendung natriumgefüllter Auslassventile. Das Innere des Schaftes ist hohl und mit Natrium gefüllt, das sich erwärmt und verflüssigt. Das erlaubt eine Wärmeableitung über das gesamte Ventil, wodurch der „fungo" (Ventilteller) beachtlich abkühlt (um mehr als 100° C im Vergleich zu normalen Ventilen). Schließlich wird dadurch die Lebensdauer des Motors verlängert, und die Höchstleistung bleibt für einen längeren Zeitraum erhalten.

Eine weitere Stärke ist das gut abgestufte und perfekt synchronisierte Fünfganggetriebe. Die Alfisti werden lange dem Schaltknüppel mit direktem Getriebeeingriff nachtrauern, der besonders gefühlvolles Schalten erlaubt. Die Werbung nennt es das Herz der Giulia.

Das synchronisierte Fünfganggetriebe mit molybdänbeschichteten Synchronringen ist für Alfa nichts Neues. Immerhin aber haben seinerzeit nur wenige Autos einen fünften Gang. Der ist auch nicht bloß werbewirksam. Die fünf Gänge erlauben in praktisch allen Lebenslagen die optimale Nutzung der Motorleistung. Obendrein ist der fünfte Gang der Giulia eine vollwertige Fahrstufe und nicht etwa ein Schongang

Die Trommelbremsen (unten links) werden sehr schnell gegen Scheibenbremsen ausgetauscht, was vor allem eine Marketing-Entscheidung ist, weil die erste Dunlop-Anlage keinerlei Vorteile gegenüber der raffinierten „tre ceppi" von Alfa Romeo hat. Weit effizienter wird die starke ATE-Anlage sein, die 1966 eingeführt wird. Man beachte die Hervorhebung des Sicherheitsaspektes in der Werbung.

zur Senkung der Drehzahlen bei höherem Tempo. Alle Gänge sind gut abgestuft und erlauben ein entspanntes und flottes Fahren.

Die Fahrleistungen sind optimal. Die angegebene Höchstgeschwindigkeit beträgt 165 km/h und reichte bereits lässig für den Spitzenplatz in der 1600er-Klasse. Tatsächlich werden beim Straßentest, den *Quattroruote* unternimmt, 175,979 km/h erreicht. Mit einer Beschleunigung von 0-100 km/h in 13,7 Sekunden und über einen Kilometer in knapp 35 Sekunden (bei einer Endgeschwindigkeit von 146 km/h) erweist sich die Giulia als enorm spurtstark. Das Ganze wird von einer exzellenten Straßenlage begleitet. Die Bewertung in *Quattroruote* liefert keine Note unter 9, was die Fahrleistungen anbelangt. Nur für die Bremsen kassiert Alfa eine 7, weil das Fehlen von Scheibenbremsen bemängelt wird. Allerdings wird lediglich der hohe Pedaldruck moniert, das Bremsverhalten selbst bewertet der Tester als „stark, ausdauernd und progressiv". Außerdem leide der Komfort unter der eher harten Abstimmung.

Die Entwicklung

Stellt schon das Projekt Giulia eine Revolution dar, so markiert die Einweihung des ganz neuen Werkes in Arese endgültig den Wandel hin zu Neuem, inklusive aller Schwierigkeiten, die derartige Umwälzungen mit sich bringen. Auf der anderen Seite bedeutet ein neues Produkt neue Entwicklung, neue Tests und eine Standortneubestimmung. Die neu belebte Aufmerksamkeit richtet sich auf das qualitative Niveau eines Produkts, dessen potenzielle Käufer immer anspruchsvoller und immer besser informiert sind.

Ende der 50er Jahre ist die Entwicklung des neuen Wagens bereits weit fortgeschritten. Die Technik des Prototypen entspricht weitgehend der endgültigen Lösung. Jetzt sind Prüfer und Testfahrer an der Reihe. Die Rolle der Prüfer ist bei Alfa Romeo sehr viel wichtiger als der Begriff selbst beschreiben kann. Technische Prüfung und Abnahme sind integrale Bestandteile des Konstruktionsprozesses, und Ingenieure und Tester stehen in ständigem Dialog. Einige der Prüfer sind Persönlichkeiten, die bis heute legendären Ruf genießen, Profis, die es verstehen, Autos mit einer unvergleichlichen Straßenlage erst zu schaffen und dann immer weiter zu entwickeln. Personen, die fähig sind, Fahrleistungen, Sicherheit und Fahrvergnügen miteinander so zu vereinen, wie man das nur am Lenkrad eines Alfa Romeo erleben kann.

Namentlich die Giulia wird von den „glorreichen Sieben" entwickelt, oder, wie einige Puristen sagen, „erschaffen". Die

Die Teststrecke in Balocco wird 1962 eingeweiht.
Unten links stehen „die glorreichen Sieben" an der Piste, die legendären Prüfer von Alfa Romeo: Sanesi, Moroni, Bonini, Galvan, Brignoli, Distani und Zarnardi. Das Bild unten rechts zeigt,wie der Innenraum mit Hilfe einer Puppe ausgemessen wird, die Größe und Gewicht einer Durchschnittsperson hat.

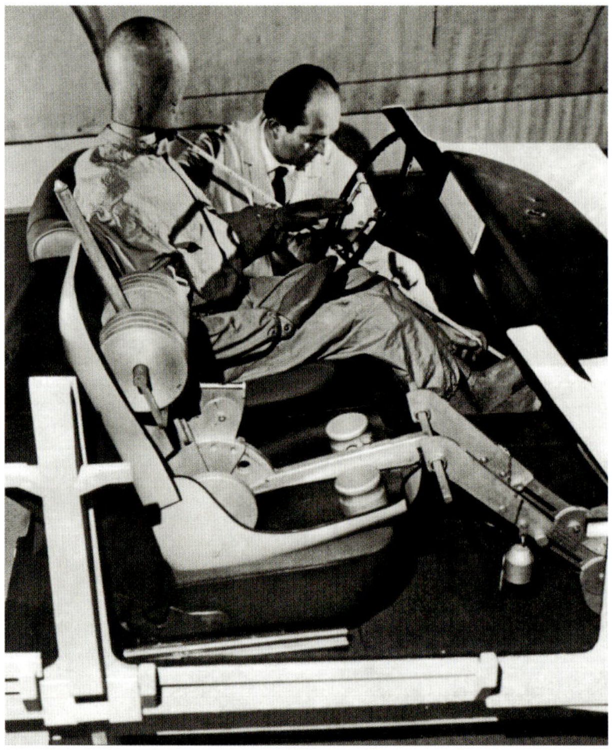

Die Giulia in Balocco (im Uhrzeigersinn): Test der Straßenlage auf der nassen Rutschplatte, eine Spritztour durchs Wasserbecken, ein spektakulärer Sprung und der Test der Radaufhängungen auf den „langen Wellen“, einem Teil der berühmt-berüchtigten Testbahn „Spezialstraßenbeläge“.

Die Giulia wird unter extremen klimatischen Verhältnissen getestet, von Gluthitze (oben) bis polare Kälte (unten). Unter allen Bedingungen muss alles perfekt funktionieren.

sieben Prüfer, die von dem Veteran Consalvo Sanesi angeführt werden, legen insgesamt mehr als eine Million Kilometer auf den Straßen Europas und vor allem auf den Trassen der ganz neuen Versuchsstrecke in Balocco zurück, die just 1962 eingeweiht wurde.

Neben dem Automobil Giulia gibt es unter dem Aspekt der Qualitätssicherung auch ein Produkt Giulia, das entwickelt und getestet werden will, bevor es in Produktion geht. Jedes Teil und jede Komponente werden einzeln bewertet und langen Versuchsreihen unterzogen.

Der Fahrersitz sowie die Position und die Anpassung der übrigen Sitze werden mit Hilfe von Puppen ausgearbeitet, deren Form, Gelenkigkeit, Maße und Gewicht denen eines Menschen nachempfunden sind. Die gleichen Sitze sowie die Schalter, die Hebel und die Verkleidungen werden seinerzeit bereits automatisierten Verfahren ausgesetzt, die Strapazierfähigkeit und Verschleiß testen.

Auch die Karosserie wird entsprechenden Tests unterzogen: Auf dem Prüfstand wird immer und immer wieder die Struktur kontrolliert. Andere Installationen wiederholen tausend Mal das Öffnen und Schließen der Türen oder setzen die Felgen Belastungstests aus. Außerdem unternehmen die Techniker die ersten einfachen Crash-Tests.

Genauso werden Antrieb und Fahrwerk strengen Kontrollen unterzogen. Geprüft werden die Belastbarkeit der Bremsen und die Laufzeit des Getriebes: Eine elektropneumatische Bühne simuliert für den vierten und den fünften Gang 50.000 Wechsel und für den ersten, zweiten und dritten 20.000 Wechsel mit gleichzeitiger kontinuierlicher Kontrolle der Synchronisation und der Geschwindigkeit. Schließlich wird der Motor tausende von Stunden lang durch ein automatisiertes System „mit Gedächtnis“, wie die damalige Definition lautete, auf die Probe gestellt. Es werden zwei Strecken simuliert. Einmal wird die gesamte Strecke der *Autostrada del Sole* (Sonnen-Autobahn) zwischen Mailand und Neapel mit Höchstgeschwindigkeit getestet. Die andere Strecke simuliert den Verlauf der Mille Miglia, die von den Geschwindigkeitsanforderungen her eher gemischt ist.

Schließlich wird der fertig zusammengesetzte Wagen getestet: Es gibt Geräuschtests in einer schalldichten Halle, und in einer Kältekammer muss der Motor auch bei -30° Celsius und 100 Prozent Luftfeuchtigkeit anspringen, die Scheiben müssen sich enteisen lassen und jedes Teil funktionsfähig bleiben. Die nächste Belastungsprobe sind 60° Celsius im „Sonnenraum“, der imstande ist, die brennende Hitze der Wüste und die feuchte der Tropen zu simulieren.

All diese Tests werden von Alfa Romeo dokumentiert und sogleich zum Gegenstand der Werbung. Dieses „neue“ Marketing wird dem Wandel der Zeit und dem Wunsch nach immer mehr Information gerecht.

Während der Entwicklungsphase wird jede Komponente härtesten Belastungen ausgesetzt: die Mechanik auf dem Walzenprüfstand, die Karosserie auf einer speziellen Testbühne, Sitze und Türen in speziellen Simulatoren (im Uhrzeigersinn).

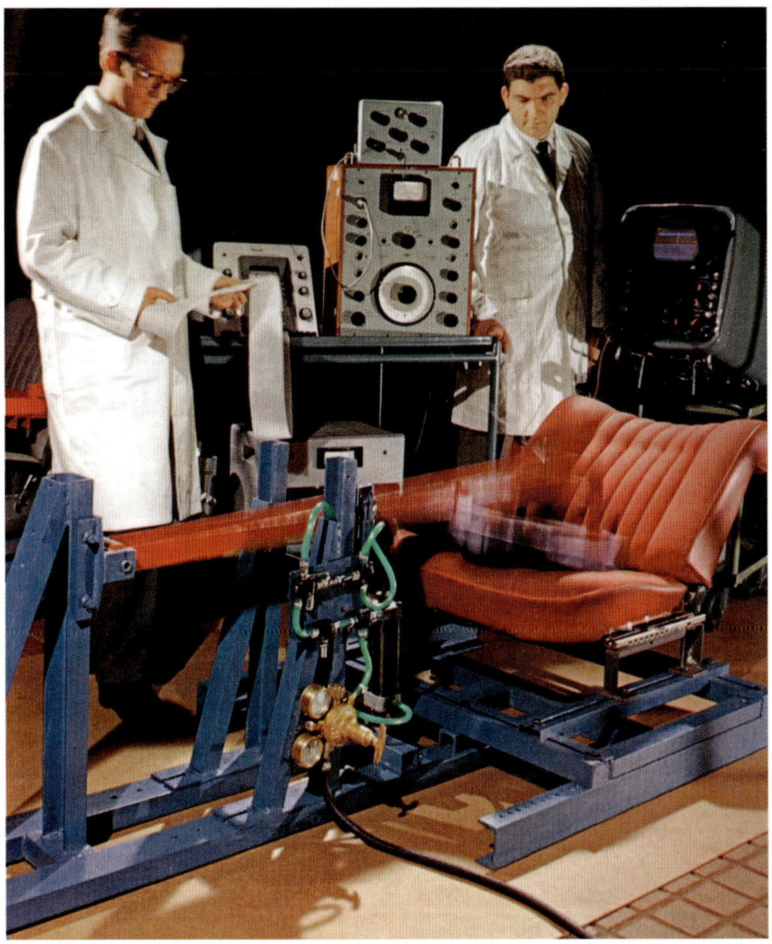

Die Produktion

Nachdem die Entwicklung abgeschlossen ist, stellt sich den Technikern von Alfa Romeo die nächste Herausforderung. Es muss ihnen gelingen, den Wagen mit der Bürde all seiner Innovationen auch in Serie herzustellen. Zudem wird gerade das neue hochmoderne Werk in Arese eröffnet.

Ein neuer Wagen und eine neue Fabrik! Zwar werden die mechanischen Komponenten anfangs noch im lediglich 15 km entfernten Portello zusammengesetzt. Die selbsttragende Karosserie mit ihren strukturellen Besonderheiten und den komplexen Formen der Außenhaut ist aber der Teil, der sowohl innerhalb als auch außerhalb des Unternehmens zu Diskussionen führt. Filippo Surace, seinerzeit in der Abteilung „Studien und Forschung“ beschäftigt, erinnert sich: „Ein toskanischer Vertragshändler hat einmal gesagt, dass man für die Reparatur der Karosserie einen Benvenuto Cellini (ein bekannter Renaissance-Bildhauer) rufen müsse. Er bezog sich dabei auf die eleganten, stromlinienförmigen Ausfalzungen der Karosseriebleche. Damals waren die Kotflügel nicht abschraubbar, sondern angeschweißt. Vom statischen Gesichtspunkt aus war das die optimale Lösung, weil sie dem Wagen Stabilität verlieh. Unter dem Reparaturaspekt hingegen war es ein Desaster. Heute wechselt

Vorhergehende Seite: Einige Arbeitsschritte der Produktion im Werk von Arese vom Pressen der Bleche über die Montage der einzelnen mechanischen Komponenten bis zum Abtransport (rechts auf dem Autotransporter Alfa Romeo 900) der fertigen Fahrzeuge.

Unten links: Eine Nachtaufnahme des erleuchteten Centro Tecnico.

Zwei Ansichten der Lackierbrennöfen.

Unten: Die noch nicht lackierten Karosserien werden innerhalb des Werkes transportiert.

Rechts: Die bereits weitgehend fertigen Autos erhalten ihre Motoren.

Gegenüberliegende Seite: Ein Arbeiter verkabelt die elektrischen Bauteile und bedient sich aus Bündeln bunter Kabel.

Unten: Während die Karosserien unterm Hallendach schweben, entsteht darunter die Inneneinrichtung.

man den Kotflügel aus und fertig. Damals musste man ihn mit Hammer und Meißel mühsam abschlagen.“

In der Anfangszeit macht vor allem die Herstellung der Karosseriebleche Probleme. Als es darum geht, die ersten Exemplare zusammenzubauen, ist das Werk in Arese noch im Bau, und die Pressen sind noch nicht in Betrieb. Aus diesem Grund wird die erste Serie von tausend Exemplaren aus Blechen gebaut, die in England (wo auch die Pressformen hergestellt wurden) gepresst, nach Arese gebracht und dort montiert werden. Diese Prozedur bringt verständlicherweise Schwierigkeiten mit sich: Mal fehlen Teile, mal sind die gelieferten mangelhaft.

Ein weiterer Arbeitsschritt der Blechbearbeitung: Vor der Lackierung werden die Rohkarossen gewaschen und entfettet.

Unten: Die Qualitätskontrolle übernehmen die „Männer in Grün", die jeden Arbeitsschritt auf einem Formblatt belegen und bewerten.

Ende 1961 ist aber endlich alles fertig, und man beginnt die Giulia komplett im Werk zu fertigen. Bei voller Auslastung laufen am Tag mehr als 300 Stück vom Band. Das bedeutet im Mittel etwa alle 90 Sekunden eine Giulia.

Auch in Bezug auf die Qualität werden viele Fortschritte gemacht. Die mechanischen Bauteile sind bereits abgenommen. Priorität hat jetzt die Suche nach einer wirksamen Lösung gegen Rost. Das ist namentlich für einen Wagen relevant, der in großer Serie hergestellt wird, da viele Arbeitsschritte automatisiert sind. Das Material ist von guter Qualität, und die Planung ist sorgfältig. Die Stoßstangen (in der Folge aus Inox-Stahl) haben gummiarmierte Hörner, und die am höchsten belasteten Punkte der Karosserie sind verstärkt, um ein Nachgeben und Verformungen zu vermeiden.

Auch die Behandlung der Bleche erfolgt sehr gründlich und wird in sechs Phasen unterteilt. Zunächst wird die Karosserie gewaschen und entfettet, damit der Lack besser haftet. In einer speziellen Straße wird sodann eine Rostschutzschicht auf der Basis von Zink aufphosphatiert. Anschließend wird die Karosserie in ein Rostschutzbad aus Melaminharz (effizient auch gegen Schäden durch Salz) getaucht, damit das Harz auch in die hintersten Winkel der Karosserie gelangt. Dann kommt das Blech in die Einbrennkammer und wird schließlich noch abgeschliffen. Ebenfalls per Einbrennlackierung und anschließender Glättung wird eine Schicht Grundierung aufgetragen, über die in der Lackierstraße in zwei Durchgängen der Decklack aufgetragen und eingebrannt wird.

Darüber hinaus richtet Alfa Romeo in Arese ein Qualitätssicherungssystem entlang der gesamten Fertigungsstraße ein, an deren Ende die Abnahmeprüfung der fertigen Wagen steht. Auch dieses System wird selbstverständlich werbewirksam vermarktet. An den Schlüsselstellen der Produktion stehen die „Männer in Grün" (so genannt wegen der Farbe der Overalls). Sie prüfen, ob alles korrekt abläuft. Was nicht den Verarbeitungsstandards entspricht, wird aussortiert, so dass am Ende kein Fahrzeug die Fabrik verlässt, das nicht ausschließlich positive Bewertungen auf dem Kontrollbogen trägt.

Auf die Grundierung kommen in der Lackierstraße zwei Schichten Decklack.

Unten: Probefahrt mit fertigen Fahrzeugen auf der werkseigenen Teststrecke.

Die Familie wächst

Alfa Romeo erhält am Tag der Präsentation der Giulia widersprüchliche Beurteilungen. Einhelligen Enthusiasmus ernten Mechanik und Fahrleistungen, zurückhaltender sind die Kommentare, wenn es um die gewagte Karosserie geht. Wenn man die Modellevolution, am Ende werden es zehn Versionen mit mehr als 20 Aktualisierungen sein, analysiert, stellt man fest, dass nach und nach alle Empfehlungen der Fachpresse in Bezug auf die Technik eingearbeitet worden sind. Es wird auch deutlich, dass Alfa Romeo vom ästhetischen Standpunkt aus entschieden und geradlinig den eigenen Weg gegangen ist und an die eigenen Ideen geglaubt hat. Zu Recht – der kommerzielle Erfolge der Giulia und das Renommee stehen für sich.

Oben: Die Giulia ist auch außerhalb Italiens ein echter Renner.

Unten: Es gibt mehr als eine Million Fahrzeuge mit Mailänder Kennzeichen (MI): Der erste Wagen mit neuer Nummerierung ist eine Giulia mit dem Kennzeichen, zu dem die Katze passend Miaooooo (Miau) sagt.

Was als Giulia TI vorgestellt wird, erfährt im Laufe ihrer langen Karriere zahlreiche Änderungen. Die hellblaue auf dem kleinen Bild links wurde in Byblos, einer antiken phönizischen Stadt im Libanon, fotografiert.

Die ersten Schritte der Giulia TI

Die erste Aktualisierung der Giulia TI betrifft die Bremsanlage. Die ausgeklügelten Trommelbremsen mit drei Bremsbacken („*tre ceppi*“) samt raffinierter Verrippung (extrem schwierig herzustellen, aber auch extrem wirksam) sind zwar immer noch effizient, die Zukunft aber gehört den Scheibenbremsen, deren Qualität nun endlich eines Alfa Romeos würdig ist. Ab Fahrgestellnummer AR423501 (August 1963) werden die Giulias rundum mit Dunlop-Bremsen ausgestattet.

Am 11. Mai 1964 wird in Monza gleichzeitig mit der Giulia 1300 und dem Spider Veloce die TI mit Knüppelschaltung und getrennten Vordersitzen vorgestellt. Für 25.000 Lire wird auch ein entsprechender Umbau für Versionen mit Lenkradschaltung angeboten. Die Ausstattungen sind modernisiert, und es gibt nun verchromte Stege auf den Lufteinlässen vor der Windschutzscheibe. Der Preis wird darüber hinaus auf 1.570.000 Lire „angepasst“, Präsident Luraghi nennt ihn „im internationalen Vergleich gut ausgelotet“.

Eine letzte Modernisierung kommt im Februar 1966 (Giulia 1600 TI). Das Innere entspricht dem der Giulia Super mit runden Instrumenten, Dreispeichen-Lenkrad, neu designtem Armaturenbrett und neuen Sitzen. Außen wird die Chromleiste um die Rückleuchten durch die einfachere Form eines umgedrehten „L“ ersetzt. Die Produktion wird 1969 eingestellt und der Stab an die Giulia 1600 S weitergereicht.

Giulia TI Super

Der groß inszenierte internationale Pressetermin wird auf den 24. April 1963, 15.00 Uhr, selbstverständlich auf der Rennstrecke in Monza, festgelegt. Dieses Mal könnte es keinen geeigneteren Ort geben, weil die leichtere und stärkere Giulia TI Super vom Moment der Präsentation an dazu bestimmt ist, mit den 500 (plus einem) notwendigen Exemplaren die sportliche Homologation zur erhalten, auch wenn sie diese erst 1964 nach einer Saison in der Gran-Turismo-Klasse erreichen sollte.

Äußerlich unterscheidet sie sich durch Stoßstangen ohne Hörner, hintere Fenster aus Plexiglas, Felgen aus der Leichtmetalllegierung Elektron mit rechteckigen Löchern, Schriftzüge, von denen jetzt auch einer auf der Motorhaube angebracht ist, sowie durch auffällige grüne Kleeblatt-Aufkleber an den Seiten und auf der Kofferraumhaube. In der Kühlermaske fallen die beiden runden Lüftungsgrills auf, die den Platz der beiden Fernscheinwerfer eingenommen haben. Sie sind erforderlich, um den deutlich stärkeren Motor besser „atmen" zu lassen. Am Tag der Präsentation wird diese Änderung übrigens noch nicht zu sehen sein.

Auch das Innere präsentiert sich neu. Alles „Überflüssige" wie Polsterungen, Armlehnen, Taschen, die Sonnenblende des Beifahrers und der Deckel des Handschuhfaches wurden weggelassen, ebenso die Ausstellfenster und die Heizung. Der obere Teil des Armaturenbrettes wird vereinfacht und die vier Rundinstrumente aus der Giulia SS sind in eine schlichte Holztafel gebettet. Die Autos haben dreispeichige Sportlenkräder mit Kranz aus schwarzem Bakelit, Sportsitze und Knüppelschaltung.

All diese Maßnahmen plus der Wegfall der Schalldämmung führten zu einer Gewichtsersparnis von mehr als 90 Kilogramm, so dass die Giulia TI Super ein Gesamtgewicht von lediglich 910 Kilogramm hat. Die Mechanik wird grundlegend revidiert. Das Fahrwerk ist tiefergelegt, rundum gibt es Scheibenbremsen. Vor allem aber bekommt die TI Super einen sehr viel stärkeren Motor. Der 00516 mit zwei Doppelvergasern wird von der Giulia SS (und Spider Veloce) übernommen. Die Leistung beträgt 112 PS bei 6500 U/min, das Drehmoment von 13,4 mkg liegt bei 4200 U/min an. Das Leistungsgewicht beträgt 7,84 kg/PS (bei der TI sind es fast 11 kg/PS) und

Die Giulia für die Piste: Leichter, schneller und auf den ersten Blick nur am grünen vierblättrigen Kleeblatt, dem berühmten quadrifoglio verde, *zu erkennen.*

Äußerlich unterscheidet sich die TI Super nur in einigen Details, aber unter der Haube werden zahlreiche Änderungen mit einer leistungsstarken Motorisierung vorgenommen, die sich obendrein noch leicht frisieren lässt.

erlaubt absolute Höchstleistungen mit einer Geschwindigkeit von mehr als 185 km/h. *Quattroruote* wird sogar 189 km/h messen. Leicht lassen sich mehr als 140 PS herauskitzeln.

Die Reaktionen der Presse widersprechen einander auf geradezu kuriose Weise. Der enthusiastische Kommentar von Franco Lini (*Auto Italiana*) nach einer Runde an der Seite von Consalvo Sanesi: „Ein außergewöhnliches Gefühl, das vor allem auf die Straßenlage zurückzuführen ist."

Zu einer sehr viel skeptischeren Bewertung kommt die Zeitschrift *Motor Italia*, die den astronomischen Preis (2.525.000 Lire, um 970.000 teurer als die TI), die spartanische Ausstattung, die zu hohen Fahrleistungen (!) und, mit offensichtlichem Sarkasmus, die Wahl des Namens (mit dem Hinweis, dass die „TI Super" bereits ein 1900er war) folgendermaßen kritisiert: „Heute hat Alfa einen neue Variante der ‚Giulia' auf den Markt gebracht, noch ausgezeichneter in Perfektion und Sportlichkeit. Das Wort ist uns rausgerutscht, aber es ist uns heilig: T.I. steht zwar für ‚International', aber gleichzeitig auch für ‚Turismo', so dass sich Sport mit T.I. in gewisser Weise beißt. Da die Buchstaben nicht zurückgenommen werden konnten, wurde dem T.I. die Auszeichnung höchsten Ranges hinzugefügt: das neue Auto wird ‚Giulia T.I. Super' heißen. Super ist lateinischen Ursprungs und heißt schlicht ‚über', womit allerdings gemeint ist, über dem gewöhnlichen Mitmenschen (was jetzt aber auf keinen Fall mit dem Himmelreich verwechselt werden sollte). Später wird es erst richtig schwierig mit dem Namen, weil schon jetzt klar ist, dass dieser ohnehin dämonische Motor der ‚Super' noch allerhand Reserven hat und somit für eine dritte Version (oder gar eine vierte, wenn wir die Giulia ohne Zusatz, die es nicht gibt, einschließen). Wie wird diese dann heißen – ‚Extra-Super-Sprint'? Im Ernst, sind die Autofahrer so kindisch, dass sie sich mit dieser Inflation von Beiwörtern amüsieren mögen?"

Bei Produktionsende werden 501 Exemplare verkauft sein, alle in der Farbe *biancospino* (weißdornfarben), mit Ausnahme einer in *grigio grafite* (graphitgrau) und offenbar einer in *rossa* (rot). Es sei unmöglich, wie damals *Motor Italia* unterstreicht, eine normale TI umzubauen und in eine TI Super zu verwandeln.

Giulia 1300

„Ein wirtschaftliches Automobil mit mittlerem Hubraum." Mit dieser wenig spannenden Definition wird die Giulia 1300 Mitte der 1960er Jahre, in einer wirtschaftlich schwierigen Zeit, beschrieben. Der Wagen, der am 11. Mai 1964 in Monza präsentiert wird, erfüllt auf ideale Weise zwei Wünsche. Auf der einen Seite steckt der Automarkt in Schwierigkeiten, weil eine umstrittene Steuer Wagen mit kleinem Hubraum bevorteilt. Gleichzeitig ist der Bedarf an Mittelklassewagen zu vernünftigen Preisen groß, die in der Lage sind, auch auf längeren Reisen bequem fünf Personen zu transportieren. Bei Alfa Romeo hat man nun zunächst daran gedacht, die langsam in die Jahre kommende, aber stets sehr erfolgreiche Giulietta noch einmal weiterzuentwickeln. Dann aber fällt die Entscheidung zugunsten einer preisgünstigen Version der größeren Schwester Giulia. Die ideale Lösung scheint eine Giulia mit dem Motor der Giulietta Super zu sein.

Die Notwendigkeit, den Preis zu senken und die beiden Modelle, Giulia TI und 1300, deutlich voneinander zu unterscheiden, verleitet zu einer zwanghaften Reduzierung der Kosten und somit der Ausstattung. Äußerlich erkennbar ist das an den einfachen Rundscheinwerfern und den hörnerlosen Stoßstangen. Am Heck verschwinden die Zierleiste und die Rück-

Die Giulia 1300 wird als zu spartanisch und zu nüchtern beurteilt. Aus diesem Grund wird sie früh durch die 1300 TI ersetzt, die auf der folgenden Seite abgebildet ist, und erneut einen gewaltigen Erfolg beim Publikum haben wird.

fahrscheinwerfer. Die seitlichen Blinker sind jetzt schmucklos rechteckig, und die Radkappen kommen ohne Zierring aus. Die Schriftzüge sehen anders aus, das Lenkrad ist einfarbig, das Armaturenbrett simpler, es gibt keinen Haltegriff mehr für den Beifahrer, die Armlehnen wurden vereinfacht, der hintere Aschenbecher wird eingespart, und die Ausstellfenster haben einfache Verriegelungshebel. Generell ist die Ausstattung deutlich bescheidener.

Beim Motor handelt es sich um den 1290 cm^3 großen *bialbero* der Giulietta, der überarbeitet und an ein Vierganggetriebe angepasst wurde. Die Fahrleistungen sind selbst im Vergleich zur Giulietta nicht berauschend, aber 80 PS und 161 km/h reichen dennoch, um der „schnellste Mittelklassewagen der Welt" zu sein. Die Scheibenbremsen kommen ohne Bremskraftverstärker aus. Der Preis beträgt 1.395.000 Lire.

Als erste Änderung erhält die 1300 im September 1967 das neue Armaturenbrett mit runden Instrumenten. Das Lenkrad ist aus Plastik und hat drei Speichen, während der Kühlergrill aus einem schwarzen Gitter mit drei waagerechten verchromten Leisten zwischen den Scheinwerfern besteht.

Eine letzte Version wird im Februar 1969 auf den Markt gebracht. Der übrigen Flotte folgend, wird sie mit einer hydraulischen Kupplung, neuer Synchronisierung, Fahrwerksverbesserungen und optional erhältlichen Reifen der Größe 165 R14 ausgestattet, die nach kurzer Zeit Standard werden.

Die wenig herausragenden Fahrleistungen und die eher dürftige Ausstattung stehen einem weiteren wirtschaftlichen Erfolg der Giulia 1300 im Weg, auch wenn der Wagen anfangs recht beliebt ist. Bei Produktionsende im Jahr 1971 werden lediglich 28.358 Exemplare verkauft sein.

Die Giulia 1300 TI ist eins der erfolgreichsten Modelle im Programm. Immer wieder wird sie vor stilvoller und idyllischer Kulisse in Szene gesetzt.

Rechts: Eine Dreiviertelansicht der Giulia 1300 TI von hinten.

Unten: Das Innere der sportlichsten Version, der 1300 Super mit zwei Doppelvergasern.

Giulia 1300 TI

Die Leistungen der Giulia 1300 werden schnell als unzureichend moniert, so dass am 4. Februar 1966 in San Felice Circeo die neue 1300 TI präsentiert wird. Ein Fünfganggetriebe, ein neuer Auspuffkrümmer und 85 PS machen das neue Einstiegsmodell zu einer attraktiven Angelegenheit. Am Ende werden 144.214 Exemplare produziert.

Gleichzeitig wird die Ausstattung verbessert. Die Hörner auf den Stoßstangen, die Rückfahrscheinwerfer und eine gehobene Innenausstattung kehren zurück. Die Giulia 1300 TI übernimmt auch die Modernisierungen der anderen Versionen. Ein neuer Kühlergrill kommt 1967, neue Griffe, Stoßstangen und Räder im Jahr 1969 und hängende Pedale 1970. Die Produktion endet im Jahr 1972.

Giulia 1300 Super

Das Spitzenmodell der 1300er-Flotte wird im November 1970 präsentiert: Neu sind zwei Doppelvergaser, Zweikreis-Bremsen und hängende Pedale. Der 1290 cm^3 große Motor leistet 88 PS und bringt den Wagen auf konkurrenzlose 165 km/h. Innen- und Außenausstattung entsprechen denen der aktuellen Giulia Super, das Lenkrad dem der 1300 TI.

Giulia Super

Die echte Revolution innerhalb der Giulia-Flotte, die international eine veritable Ikone aus der Giulia macht, ist die Einführung der Giulia Super auf dem Genfer Autosalon von 1965.

Die Notwendigkeit, die Leistungen der Giulia mit einer neuen, fortgeschrittenen und raffinierteren Version (es werden die unterschiedlichsten Namen vorgeschlagen von „Export“ bis „Lusso“) zu erhöhen, ist offensichtlich, und Orazio Satta hält 6 PS für die ideale Kraftsteigerung. Dem 1600er Basis-Motor mit einem Doppelvergaser will man nicht einfach mehr Leistung entlocken, weil man um Elastizität und Laufruhe fürchtet. Aus diesem Grund wird genau die entgegengesetzte Wahl getroffen. Es wird nicht der Basis-Motor verstärkt, sondern der sehr viel leistungsfähigere Motor mit Doppelvergasern aus der Giulia Sprint GT gedrosselt. Um die angestrebten 98 PS zu

Die Giulia Super markiert einen Wendepunkt, was die Innenausstattung betrifft. Aber vor allem punktet sie mit Fahrleistungen, die für die Konkurrenz unerreichbar sind.

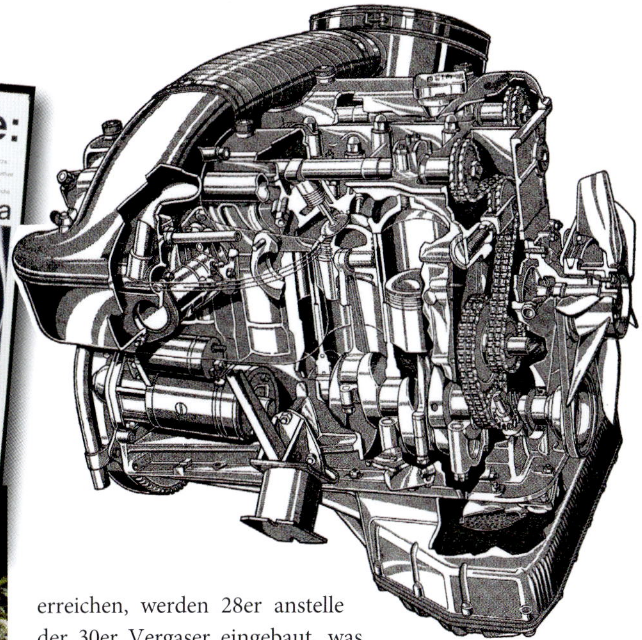

erreichen, werden 28er anstelle der 30er Vergaser eingebaut, was sogar Ansprechverhalten und Elastizität gegenüber dem GT verbessert. So wird die Giulia Super ein extrem schnell (über 175 km/h) und angenehm zu fahrender Wagen, ohne dass der Kraftstoffverbrauch sich spürbar erhöhte.

Auf einen Streich wird die Konkurrenz deklassiert. Der BMW 1800 ist trotz des größeren Hubraumes nicht schneller als 165 km/h, der Fiat 1500 müht sich auf 155 km/h – ganz zu schweigen von den 135 km/h des Opel Rekord 1.7 oder den 160 km/h des Fiat 2300 L, dessen Hubraum um ein Drittel größer ist. Im Laufe des Jahres 1966 werden darüber hinaus leistungsstarke ATE-Scheibenbremsen eingeführt.

Die Sicherheit wird auch in der Werbekampagne für die Giulia Super in den Vordergrund gestellt. Im Frontbereich unterscheidet sie sich durch das geteilte scudetto, dessen oberer Teil mit der Motorhaube nach oben schwingt.

Die Version von 1967 unterscheidet sich durch die Aufschrift „giulia super" auf der Motorhaube.

Unten: Die Super wird 1969 erneut überholt, und der vordere Schriftzug verschwindet wieder.

Die Karosserie der Giulia Super unterscheidet sich durch einige Detailänderungen, während das Innere komplett neu ist. Äußerlich entfällt die Verzierung um die Rückleuchten, die jetzt größer sind, und den Schweller ziert eine verchromte Leiste.

Der vordere *scudetto* ist zweigeteilt, wobei der obere Teil auf dem Rand der Motorhaube angebracht ist. Die Schriftzüge sind kursiv und auf den C-Säulen zwei goldfarbene Plaketten mit dem Alfa Romeo-Symbol angebracht.

Die Sitze sind neu und besser gepolstert, die vorderen haben Kartentaschen auf der Rückseite. Die Dachverkleidung besteht aus perforiertem Kunstleder. Das neue Armaturenbrett ist mit Holz verkleidet und trägt große Rundinstrumente. Das dreispeichige Sportlenkrad ist das gleiche wie das der TI Super. Das Belüftungssystem ist durch zwei zusätzliche Lüftungsöffnungen verbessert. Die Sitzbezüge (Stoff oder Texalfa) und der Teppichboden sind neu. Die Türinnenseiten sind mit Stoff verkleidet und haben neue kunstlederbezogene Armlehnen mit integrierten Griffen. Auch der Griff des Schaltknüppels ist mit Kunstleder bezogen.

Die Giulia Super wird 1967 aktualisiert, nachdem im Jahr zuvor bereits die Innenverkleidungen geändert worden sind, und endlich werden die Stoßstangen aus Inox-Stahl übernommen.

Der Kühlergrill ist jetzt schwarz, und die Scheinwerfer sind durch fünf verchromte Leisten miteinander verbunden, unterbrochen vom scudetto, der geringfügig tiefer liegt und nicht mehr zweigeteilt ist. Weitere Änderungen sind die Wiederholung der Schrift „giulia super" links auf der Motorhaube, einige kleine Nachbesserungen bei den seitlichen Blinkern und ein

Oben: Ein hervorragender Werbeträger ist der Radrennfahrer Eddy Merckx, hier mit Ehefrau Claudine.

Rechts: Ihre königliche Hoheit, Königin Elisabeth II. von England, reist mit einer Giulia Super während eines Privataufenthaltes in Frankreich.

neues Lenkrad, bei dem die Huptasten jetzt in die Speichen integriert sind. Die Scheibenwischer haben zwei Geschwindigkeiten und die Batteriekapazität wurde erweitert (50 Ah). Auf Anfrage ist die Lackierung jetzt auch in Metallic-Tönen erhältlich.

1969 wird auch die Super, genauso wie die gesamte Flotte, „in der Substanz" überholt. Eine neue Schalldämpfung erlaubt die Geräuschreduzierung um 60 bis 70% (drei bis fünf Dezibel). Dazu tragen eine neue Motor-Aufhängung, neue elastische Verbindungen an der Hinterradaufhängung und die Verwendung schalldämmender Materialien bei, die stellenweise 25 mm stark sind. Neu sind außerdem die hydraulisch betätigte Membranfeder-Kupplung und die Lichtmaschine. Für die Hinterachse gibt es jetzt einen Bremskraftregler. Im Innenraum fallen die Zusatzinstrumente in einer kleinen Mittelkonsole auf sowie die neuen Sitze, jetzt wieder ohne Taschen. Außen glänzen Stoßstangen und Kühlerhaube im neuen Design. An der Hinterachse wird ein Stabilisator eingebaut. Der Motor leistet nun 104 PS bei 5500 U/min mit einem Drehmoment von 14 mkg bei 4600 U/min. Auf Anfrage sind die breiten Reifen der Größe 165 SR14 lieferbar.

Von der Motorhaube ist der Schriftzug verschwunden, der am Heck wird um ein Alfa-Romeo-Wappen ergänzt. Der Schriftzug beginnt nun mit Großbuchstaben („Super“ geschrieben – auch auf dem Armaturenbrett). Darüber hinaus werden die Plaketten mit dem goldfarbenen Wappen auf den C-Säulen durch neue mit dem *Biscione* ersetzt. Die verchromte Leiste am unteren Rand der Kofferraumhaube ist schmaler.

Die letzte Revision erfolgt im Dezember 1970. Äußerlich werden nur Details verändert, es gibt längere Handgriffe und eine beheizbare Heckscheibe. Die wesentliche Neuheit sind hingegen die hängenden Pedale, die Versetzung des Handbremshebels zwischen die Sitze und die Verbesserungen einiger Einzelheiten in der Ausstattung.

Die Giulia Super wird bis Ende 1972 produziert, als der Ruf nach einer Variante mit einem 1300er Motor lauter wird.

Die 1969er Giulia Super unterscheidet sich durch verschiedene Details wie die Biscione-Plakette auf der C-Säule. Eine wichtige Neuheit wird 1970 kommen: die hängenden Pedale.

Unten: Neben der Giulia Super posieren Christine Beckers, belgische Meisterin von 1969 auf GTA, und Heide Utz, deutsche „Fahrerin des Jahres“.

Giulia 1600 S

Als mit dem Jahr 1969 die Karriere der Giulia TI ihrem Ende naht, denkt Alfa Romeo darüber nach, eine 1600er-Version mit nur einem Vergaser zu bauen, die dennoch rund, elastisch und leise läuft und weniger Benzin verbraucht. Vor diesem Hintergrund erblickt die Giulia 1600 S im Jahr 1968 auf dem Autosalon von Turin das Licht der Welt. Sie wird vom Mutterhaus als ein „für weite Autobahnstrecken bei erhöhter Geschwindigkeit geeigneter Wagen“ angepriesen, kurz gesagt: als echter Langstreckler. Tatsächlich erlaubt der Motor, dessen Leistung auf 96 PS gebracht wurde, eine Höchstgeschwindigkeit von 170 km/h, die auch auf langen Strecken ohne Mühe konstant beibehalten werden kann. Innere und äußere Ausstattung sind hingegen identisch mit denen der 1300 TI, mit Ausnahme des Kühlergrills, der vier Scheinwerfer birgt, aber weiterhin nur drei verchromte Leisten hat.

Obwohl die 1600 S eine vernünftige Version, zuverlässig und zweifellos preiswert (1.450.00 Lire) ist, begünstigt das italienische Steuersystem nach wie vor Wagen mit kleinem Hubraum, so dass sie keine Chance gegen die hauseigene Konkurrenz in Gestalt der 1300er Version hat und in zwei Jahren lediglich 2215 Exemplare verkauft werden.

Die Giulia 1600 S ersetzt die erste TI und bietet eine vernünftige Ausstattung plus erstklassige und zuverlässige Technik. Sie wird aber keinen großen Erfolg haben, weil ihr die milletre (1300) mit ihren außergewöhnlichen Fahrleistungen die Kundschaft stielt.

GIULIA S

Giulia Super 1.3/1.6

Die Giulia ist mittlerweile ein gereifter Wagen und laut Prospekt am „oberen Rand der Perfektion", aber die Karriere neigt sich ihrem Ende zu.

Es ist Frühling 1972. Bereits seit einiger Zeit sind die 1750er und die 2000er Berlina auf dem Markt, die komplett neue Alfetta steht kurz vor der Präsentation. Die Giulia gibt es seit mittlerweile zehn Jahren, und die Verkaufszahlen werden langsam kleiner, obwohl die Leistungen immer noch Spitzenklasse sind. Im Gegenteil, just im Januar 1972 ist die Giulia in einem Vergleich, den *auto motor und sport* angestellt hat, immer noch imstande, vier sehr viel modernere Konkurrenten von BMW, Ford, Opel und Fiat abzuhängen.

Alfa Romeo entscheidet sich nun dafür, das Programm zu straffen, und fährt mit der Vereinheitlichung der Versionen fort. Die Super hat nun einen 1,3-Liter-Motor, der stärkere 1600er ist optional gegen Aufpreis (zusammen mit der verchromten Leiste unterhalb der Türen) zu haben.

Die Ausstattung lehnt sich an die der „alten" 1600er an, jedoch mit einigen Varianten. Sie umfasst nun verchromte Nabenkappen anstelle der Radkappen, die von den Radschrauben gehalten werden. Die Regenrinnen tragen die Farbe der Karosserie, und die Plaketten auf den C-Säulen entfallen. Innen werden lediglich zwei kleine Änderungen am Lenkrad und an den Sitzen vorgenommen. Das einzige Detail, das die 1,3-Liter

Die Giulia posiert neben zwei ihrer bekanntesten Ableger. Der Spider wird noch in zwei Serien bis 1994 produziert, und der GT 1300 Junior wird sich mit mehr als 90.000 verkauften Exemplaren als veritabler Bestseller erweisen.

von den 1600ern unterscheidet, ist, neben der Leiste unterhalb der Türen, die nur der 1,6 hat, der kursive Schriftzug am Heck.

Im Juli 1972 verschwindet bei den Super wie bei der übrigen Alfa-Flotte das Wort „Milano" (Mailand) vom Wappen. Das Alfasud-Werk in Pomigliano d'Arco bei Neapel wird eingeweiht, und man will dem Hause des Biscione ein „nationaleres" Image geben. Eine Kleinigkeit, sicher, aber eine, die viele Diskussionen unter den Fans hervorruft.

Die neue, geradlinige Kofferraumhaube soll die Form moderner machen, aber für viele stellt sie einen Verlust an Persönlichkeit dar.

Die Giulia Nuova Super

Allmählich kommt die Giulia in die Jahre. Mittlerweile gibt es viel modernere Wagen in den unterschiedlichsten Formen zu kaufen. Man denke nur an den Alfasud oder an den Bestseller VW Golf, der zum Maßstab seiner Klasse wird.

Die Giulia hat aber immer noch ihre Bewunderer und vor allem eine sichere Karosserie, eine wirkungsvolle Aerodynamik und nach wie vor unschlagbare Fahrleistungen. Darüber hinaus ist die neue Giulietta noch nicht fertig, und zwischen dem kleinen Alfasud und der Alfetta klaffte eine zu große Lücke, stellte man die Produktion der Giulia ein.

So entschließt sich Alfa Romeo, mit der Giulia fortzufahren, auch wenn sie modernisiert und modifiziert wird. Betroffen sind zum ersten Mal auch Karosseriebleche.

Neu entworfen und von nun an glatt und eben sind die beiden Hauben. Das fällt aber vor allem am Heck auf, wo die charakteristische mittlere Sicke verschwunden ist. Der Kühlergrill wird wie bei der 2000er Berlina durch einen aus schwarzem Plastik mit vier gleich großen Scheinwerfern ersetzt. Eine verchromte Leiste verbindet die Scheinwerfer, und der *scudetto* ist sehr viel breiter, womit ebenfalls die größere Schwester imitiert wird.

Die Physiognomie ändert sich auch durch die neue Form der Stoßstangen mit Hörnern aus Gummi. Die hintere wird weit bis über die Flanken nach vorn gezogen. Die vordere liegt sehr hoch, wodurch die Front schnittiger wirkt und zwei neue horizontale Lüftungsöffnungen verdeckt werden. Blinker und Parkleuchten sind nun unterhalb der Stoßstangen montiert. Wie bei der Vorgängerserie besteht auch bei der Nuova Super der einzige äußerlich erkennbare Unterschied zwischen den beiden Hubraumversionen im Schriftzug am Heck.

Das Design der Nuova Super wird überarbeitet und an das der 2000 Berlina angepasst. Die Technik bleibt unangetastet.

Das Innere wird grundlegend neu gestaltet: Es gibt neue Türverkleidungen, Sitze mit Kopfstützen und ein neues Armaturenbrett mit Mittelkonsole, die zwischen den Sitzen verläuft und in die Zusatzinstrumente sowie zwei Lüftungsöffnungen eingebaut sind. Neu gestaltet sind auch der Schaltknüppel, die Schalter der Heizung, der Aschenbecher, der Zigarettenanzünder

Auch wenn das Äußere einige Kritik hervorruft, so wurde doch gute Arbeit bei der Modernisierung des Inneren geleistet. Die Nuova Super ist sorgfältig verarbeitet und bietet großen Fahrkomfort.

und die üblichen drei Schalter für Lüftung, Scheibenwischer und Beleuchtung der Armaturen.

Auch die Grafik der Instrumente ist neu und trägt dazu bei, dass die Giulia einen deutlich reiferen und eleganteren Eindruck macht. Standard sind darüber hinaus die Reifen der Größe 165 SR14, die verstellbaren Kopfstützen, das Holzlenkrad, die Uhr und die beheizbare Heckscheibe, während zu den „echten“ mit Aufpreis versehenen Sonderausstattungen Metalliclackierung und Sitzbezüge in Texalfa gehören – und der 1600er Motor.

Die bewährt gute Technik und die Fahrleistungen werden von der Vorgängerserie übernommen. Das letzte Exemplar der Giulia verlässt das Werk im Jahr 1977, der Verkauf geht noch bis ins folgende Jahr weiter.

Giulia Nuova Super Diesel

Es ist sicherlich ein gewagter Schachzug von Alfa Romeo und unter gewissen Aspekten vielleicht sogar übereilt, in einen Wagen, der unbestritten die Urform der sportlichen Limousine ist („die Limousine, die Rennen gewinnt"), einen leistungsschwachen und lauten Dieselmotor einzubauen, der normalerweise in die Nutzfahrzeug-Typen F11 und F12 eingebaut wird.

Der von Perkins stammende Dieselmotor ist ein relativ modernes Aggregat. Allerdings taugt er in Sachen Leistung und Lärmentwicklung eher für Nutzfahrzeuge. Alfa Romeo beweist Weitsicht mit der Einführung eines Dieselmodells, ist aber für den Markt viel zu früh dran.

Jahrzehnte sind vergangen, seit man das letzte Mal bei einem Alfa einen Tachometer gesehen hat, der nur bis 160 km/h skaliert war! Umso ungewöhnlicher, wenn es sich um einen Wagen wie die Giulia handelt, die ein Symbol für Sportlichkeit und Schnelligkeit ist.

Auf der anderen Seite hat sich der Verkauf von Dieselfahrzeugen dank des geringen Kraftstoffverbrauches und des großen Preisunterschieds zwischen Diesel (168 Lire pro Liter) und Benzin (400 Lire) innerhalb der vergangenen fünf Jahre in Italien annähernd verdreifacht, wie Alfa Romeo selbst ausführlich erklärt. Ein kleiner Hubraum erlaube darüber hinaus die Einordnung in die günstigere Steuerklasse. So sei die Giulia Diesel unter wirtschaftlichen Aspekten absolut wettbewerbsfähig.

Die Wahl fällt auf den erprobten Vierzylinder-Perkins 4.108, der aus einem Hubraum von 1760 cm³ 50 PS bei 3800 U/min (Drehzahlbegrenzer bei 4000 Umdrehungen) und ein Drehmoment von 10,8 mkg bei 2000 U/min entwickelt. Eine zuverlässige Einheit, die zudem den Alfa Romeo-Werkstätten bestens bekannt ist.

Die Höchstgeschwindigkeit wird mit lediglich 138 km/h angeben (*Quattroruote* misst gerade einmal 136 km/h), und die mehr als 45 Sekunden für einen Kilometer aus dem Stand sind eine ausgesprochen bescheidene Leistung. Punkten kann die Diesel-Giulia lediglich mit dem Kraftstoffverbrauch von 5,3 Litern auf 100 Kilometer – bei 80 km/h und dank der berühmt guten Aerodynamik und des Fünfganggetriebes.

Die Straßenlage ist gut wie immer und wird lediglich vom sehr viel größeren Gewicht geringfügig beeinträchtigt. Allein der Motor wiegt 80 kg mehr als der raffinierte *bialbero* aus Aluminium. Weitere 40 kg gehen auf das Konto der größeren Batterie, neuer Lager, des Getriebeflanschs und des massiven Einsatzes geräuschabsorbierenden Materials. Allein davon werden 5 kg verbaut. Es reicht allerdings nicht aus, um die unangenehmen Geräusche des Diesels, namentlich im kalten Zustand und bei niedrigen Drehzahlen, zu eliminieren.

Pressemitteilungen und Werbung heben die Wirtschaftlichkeit des Diesels hervor. Der Markt aber reagiert wie einst bei der 1300er-Version und wie später immer wieder. Ein echter Alfa muss eben schnell sein und Fahrspaß liefern. Nach nur 6573 Exemplaren ist Schluss.

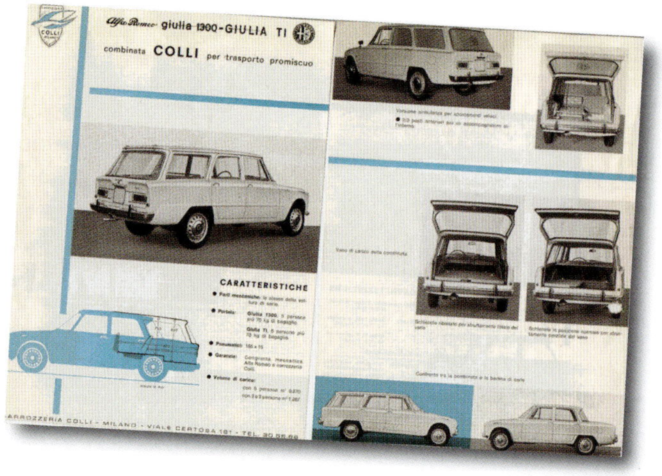

Oben: Ein Prospekt des Karosseriebetriebes Colli wirbt für den Umbau der Giulia in eine giardinetta *oder* combinata *für allerlei Transportaufgaben.*

Die Epoche eigens angefertigter Sonderausführungen nähert sich ihrem Ende, und die selbsttragende Karosserie der Giulia ist eigentlich auch nicht besonders gut geeignet als Objekt für Karosserieumbauten. Einige Spezialausführungen werden aber gebaut. Zum Teil zum Vergnügen, teils um kleine Marktlücken zu füllen, vor allem aber, weil es echte Nachfrage nach bestimmten Karosserieformen gibt.

Neben den Kombis namens *giardinette*, die in großer Zahl von der Verkehrspolizei und den Alfa-Servicewerkstätten genutzt werden, gibt es einige Exoten wie ein Coupé mit einer Karosserie von Casale von 1967 und eine originelle Pick-up-Version, die ein Vertragshändler in Pretoria in Südafrika nutzt.

Giardinetta

Der Karosseriebetrieb Colli in Mailand hatte bereits reichlich Erfahrungen mit der Herstellung von *giardinette*, also Kombis, die damals auch *promiscue* – also Mix- oder eben Kombinationskraftwagen genannt wurden. So hatte die Firma namentlich mit dem Umbau von Giuliettas beachtlichen Erfolg gehabt.

Als die Giulia auf den Markt kommt, liegt der Umbau auch des neuen Modells nahe. Man behält die Technik (zu Beginn die der TI, wobei auch Umbauten mit anderen Motorisierungen nicht ausgeschlossen werden) und die Karosserie bis zur C-Säule. Das Dach ist ein neues Blechpressteil.

Unten: Dieses Exemplar wurde als Servicefahrzeug in Australien genutzt.

Bei Colli werden die Autos mit großer Sorgfalt und ästhetisch sehr gelungen umgebaut. Nur wenige giardinette *werden mit hinteren Fenstern gebaut, die geschlossene Kombiversion erfreut sich weit größerer Beliebtheit.*

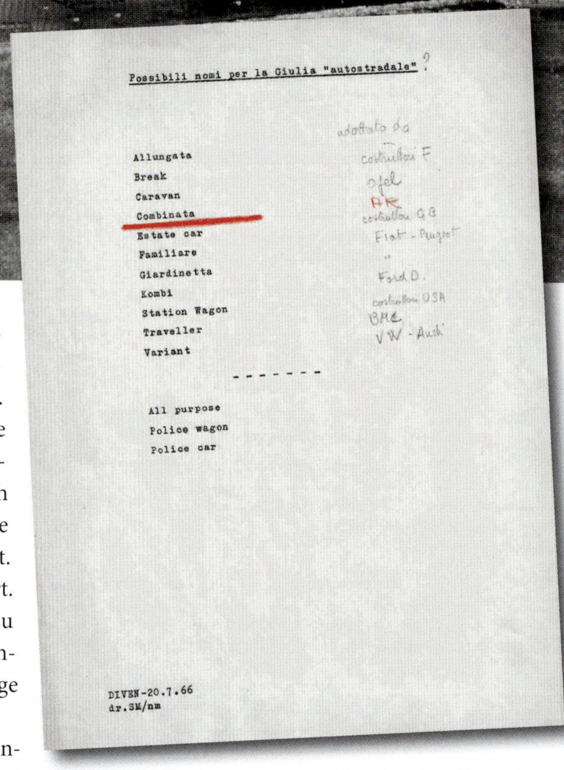

Possibili nomi per la Giulia "autostradale" ?

adottato da

Allungata
Break — costruttori F
Caravan — Opel
Combinata — AR
Estate car — costruttori GB
Familiare — Fiat - Peugeot
Giardinetta — "
Kombi — Ford D.
Station Wagon — costruttori USA
Traveller — BMC
Variant — VW - Audi

All purpose
Police wagon
Police car

DIVEN-20.7.66
dr.SM/nm

Die giardinetta *wird auch als Service-Fahrzeug von Autodelta genutzt. Die getippte Liste belegt, wie schwer die Namenswahl fiel.*

Die hinteren Flanken sind so umgestaltet, dass sie die zusätzlichen Dachsäulen aufnehmen. Die setzen an der Heckkante an und haben die gleiche Neigung wie die C-Säulen, wodurch die *giardinetta* ihre schnittige und sportliche Form bekommt. Auch das Heck wird verändert. Um das Be- und Entladen zu erleichtern, wird die Kofferraumöffnung bis auf die Stoßstange herab vergrößert.

Im Innern kann jetzt die Rückenlehne der Rücksitze umgeklappt werden, wodurch eine großräumige, ebene Ladefläche entsteht, in die lediglich die elf Zentimeter hohen Häuser der Hinterräder ragen. Doch das ist erst der Anfang. Bald wird eine Krankenwagen-Version für schnelle Transporte vorgeschlagen, und Colli ist für alle möglichen weiteren Spezialausführungen offen.

Sogar Alfa bestellt Kombis bei Colli. Die Mailänder haben einen Vertrag mit der Verkehrspolizei und der Autobahngesellschaft geschlossen, die damals Eigentümerin jener Fahrzeuge ist, die Polizeikräfte auf Autobahnen einsetzen. In den Vertragsbedingungen werden alle technischen Eigenschaften, Ausstattungen und Hinweise für die Karosseriebauer sowie die im Hinblick auf Verarbeitung und Qualität zu erbringenden Leistungen festgeschrieben. So müssen die hinteren Fensteröffnungen durch Bleche gefüllt und die Rücksitzbank durch einen umklappbaren Sitz ersetzt sein. Außerdem ist ein großes Stoffschiebedach gewünscht. Darüber hinaus werden Spezialausstattungen wie elektrische und technische Anlagen für den Einbau von Funk, Blaulicht und Sirene festgelegt. Die Motorisierung sollte in diesem Fall von der Giulia Super übernommen werden.

Von 1969 an, Colli schließt im Jahr 1973, wird der Auftrag auch an die Karosseriebauer Grazia, Giorgetti und Introzzi vergeben. Die auffälligste Änderung besteht darin, dass die Kofferraumklappe wie bei der Limousine wieder oberhalb des Kennzeichens endet. Giorgetti stellt Ende 1975 auch eine kleine Serie

Das von Alfa Romeo für externe Karosseriebauer vorbereitete Datenblatt nennt die Spezifikationen der Verkehrspolizei. Das Foto zeigt einen Pick-up, den sich ein Vertragshändler im südafrikanischen Pretoria baute.

von Sondermodellen auf Basis der Giulia Nuova Super fertig.

Es werden annähernd 600 Giulia Super „Speciale" gebaut. So lautet die Bezeichnung, die ihr die Autobahngesellschaft gibt, während Alfa Romeo sie auf den Datenblättern „Combinata" nennt. Die Namenswahl wird erst nach eingehender Analyse unterschiedlicher Möglichkeiten, darunter auch „Allungata" („Verlängerte") und „Kombi", getroffen.

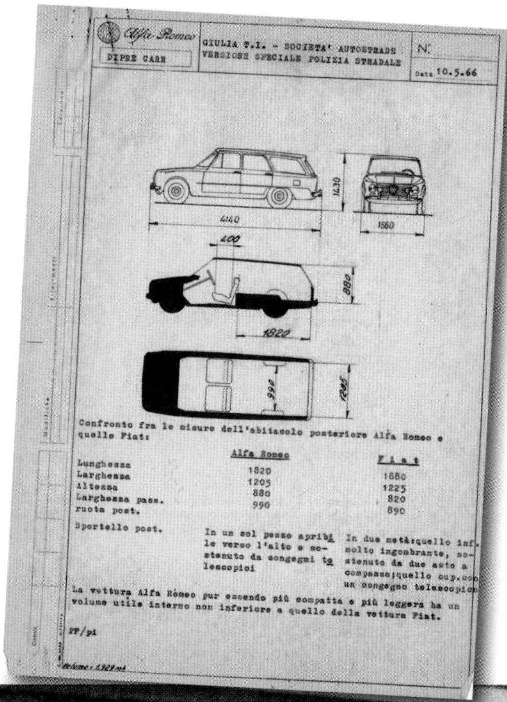

Alfa Romeo | DIPRE CARR | GIULIA T.I. - SOCIETA' AUTOSTRADE VERSIONE SPECIALE POLIZIA STRADALE | N. | Data 10.5.66

Confronto fra le misure dell'abitacolo posteriore Alfa Romeo e quelle Fiat:

	Alfa Romeo	Fiat
Lunghezza	1820	1880
Larghezza	1205	1225
Altezza	880	820
Larghezza pass. ruota post.	990	890
Sportello post.	In un sol pezzo apribile verso l'alto e sostenuto da congegni telescopici	In due metà: quello inf. molto ingombrante, sostenuto da due aste a compasso; quello sup. con un congegno telescopico

La vettura Alfa Romeo pur essendo più compatta e più leggera ha un volume utile interno non inferiore a quello della vettura Fiat.

PF/pi

Weitere Exemplare werden von Vertragshändlern und von Alfa Romeo selbst (etwa von Autodelta) als Service-Fahrzeuge genutzt und von Unternehmen erworben, die einen spritzigen Transporter suchen.

Die Colli-Version mit zusätzlichen Seitenfenstern ist übrigens sehr viel weniger verbreitet. Die meisten Quellen wissen nur von wenigen Dutzend Exemplaren zu berichten.

Präsidentenwagen

Es ist noch der Karosseriebetrieb Colli, den Alfa Romeo damit beauftragt, die beiden Exemplare der Giulia Super „torpedo“ auszurüsten, mit denen Staatspräsident Giuseppe Saragat bei seinem Werksbesuch 1966 in Arese befördert wird. Die Türen und das Dach werden entfernt, wobei letzteres durch ein leichtes, zurückklappbares Stoffdach ersetzt wird. Es handelt sich aber nicht nur um eine einfache Reduzierung des Ausgangsmodells. Der Wagen ist formvollendet, und die geänderten Bau-teile sind bis ins kleinste Detail ausgearbeitet. Eins der beiden Exemplare wird, nachdem es von seiner Präsidentenpflicht entbunden ist, auf die Versuchsstrecke in Balocco gebracht, wo es der Beförderung prominenter Gäste dient.

Italiens Staatspräsident Giuseppe Saragat zu Besuch in Arese an Bord einer eigens aufgeschnittenen Giulia, an deren Steuer Consalvo Sanesi sitzt.

Gran Sport Quattroruote

In den 60er Jahren ist es große Mode, die faszinierendsten Wagen der Vorkriegszeit nachzubauen. Die Resultate sind oft fragwürdig und plump. Eine Ausnahme bildet ein Wagen, der auf Initiative von Gianni Mazzocchi, dem Eigentümer von *Quattroruote*, entsteht und dessen Entwicklung Alfa Romeo mit Wohlwollen begleitet. Der Gran Sport Quattroruote ist eine Nachahmung des legendären 6C 1750 GS der frühen 1930er Jahre. Die Karosserie baut niemand geringerer als die Firma Zagato, die fünfunddreißig Jahre zuvor bereits das Blech des Originals geschneidert hat. Die technischen Baugruppen stammen hingegen von der Giulia TI, das Fahrgestell ist eine verlängerte Version der Plattform des Giulia Spider.

Erste Zeichnungen für den Gran Sport, das Titelblatt jenes Heftes von Quattroruote, *in dem die Produktion angekündigt wird, und ein Bericht des Magazins zur Vorstellung des Wagens.*

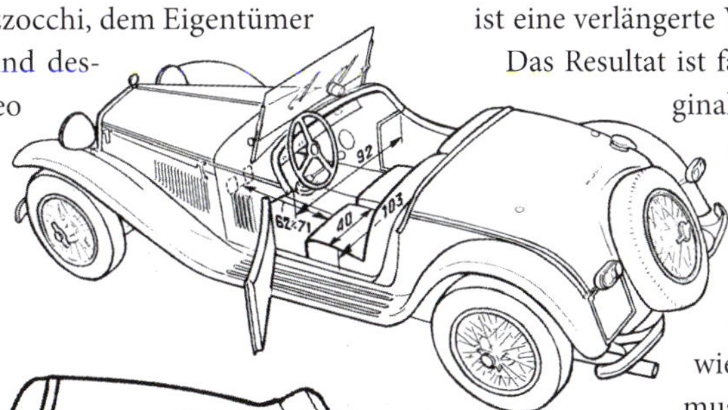

Das Resultat ist faszinierend und bleibt dem Geist des Originals treu, selbst wenn es viele Details gibt, die es vom illustren Vorfahren unterscheiden. Die Karosserie ist in verschiedenen Farben erhältlich, unter denen die zweifarbigen Kombinationen bevorzugt werden. Der Schaltkomfort ist genauso hoch wie Fahr- und Federungskomfort. Ansonsten muss der Fahrer Einbußen an der Bequemlichkeit hinzunehmen bereit sein. Immerhin handelt es sich um einen Spider, also um einen konsequent offenen Zweisitzer. Selbst die Windschutzscheibe ist umklappbar, und das Verdeck ist nur für den Notfall gedacht.

Zum Ausgleich sind die Fahrleistungen auf absolutem Höchstniveau, wozu auch das auf lediglich 750 kg reduzierte Gewicht beiträgt. Bei 90 PS ergibt das ein Leistungsgewicht von 7,1 kg/PS. Das ist noch besser als das der TI Super! Die Beschleunigung von 0 auf 100 km/h erfolgt in 10,7 Sekunden (10,9 Sekunden mit aufgerichteter Windschutzscheibe). Die Höchstgeschwindigkeit beträgt mit umgeklappter Windschutzscheibe und ohne Verdeck 156 km/h (andernfalls nur 146 km/h). Alles in allem ist das mehr, als ein Fahrer, der ungeschützt dem Fahrtwind ausgesetzt ist, sich wünschen kann.

Nach der Ankündigung von *Quattroruote* in der Märzausgabe von 1965 debütiert der Prototyp auf dem Karosserie-Salon in Turin. Publikum und Presse sind begeistert. Dennoch wird die Produktion nach 92 Exemplaren im Jahr 1968 eingestellt, als Alfa Romeo den Bau des Giulia Spider aufgibt.

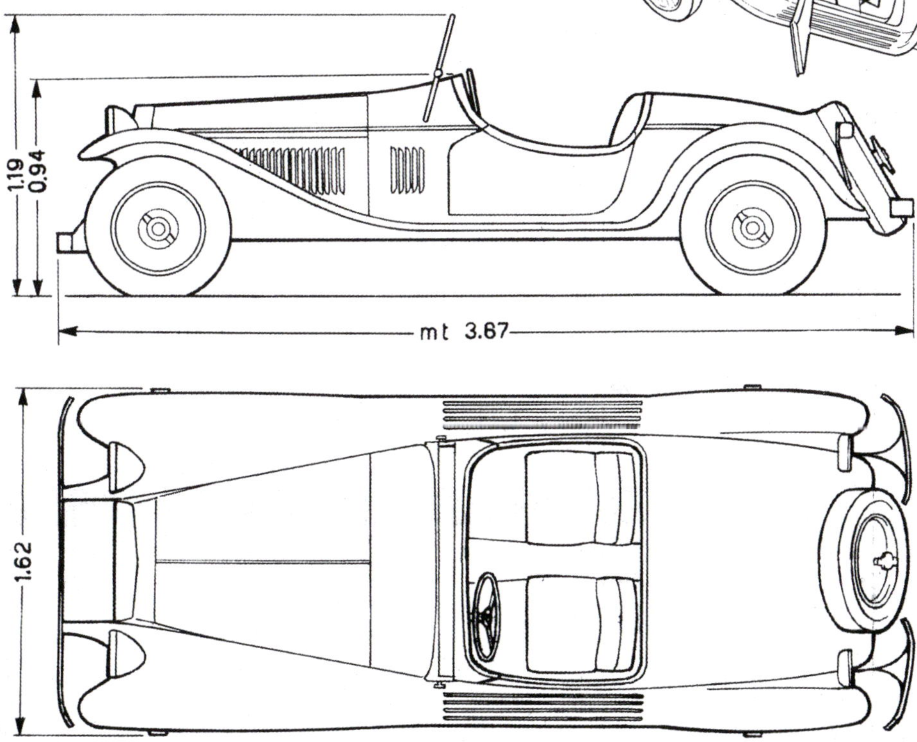

Die Giulia in Uniform

Die Zusammenarbeit zwischen Alfa Romeo und den Polizeikräften ist 1962, als die Giulia auf den Markt kommt, längst Tradition. Bereits der 1900er, dann der Matta, die Giulietta und sogar der 2600 Sprint wurden als Dienstwagen für die verschiedenen italienischen Polizeibehörden geordert. Dazu kommen Staatslimousinen und Militärfahrzeuge bereits in der Zeit vor dem Zweiten Weltkrieg. Aber erst die Giulia wird zum Synonym für „Squadra Mobile", „Volante" (mobiles Einsatzkommando) oder „Nucleo Radiomobile" (mobiler, territorialer Einsatz der Carabinieri).

Giulias werden bei der Polizei und bei den Carabinieri, die wie in Frankreich die Gendarmerie dem Verteidigungsministerium unterstellt sind, sowie bei Verkehrs-, Finanz- und weiteren Polizeieinheiten eingesetzt. Die ersten Autos, beginnend mit den 1600 TI, gefolgt von den Super, sind wie alle Fahrzeuge der Streitkräfte in mattem Militärgrün lackiert.

Für den Polizeidienst wird die Giulia einigen Änderungen unterzogen. Oben links eine Charge von Autos vor den „Silos" in Arese.

Die erste „Pantera“ – benannt nach dem schwarzen Panther, den die „Fliegenden Staffeln“ im Wappen führen – geht 1963 nach Turin, auch wenn das Innenministerium bereits Monate zuvor einige nicht militärgrüne Fahrzeuge erworben hatte. Es ist die erste einer langen Serie, der später die Giulia Super folgt. Dazu kommen einige wenige 1300, 1300 TI und 1300 Super, und sogar eine Handvoll TI Super. Zwei davon, die für die Polizeischulen in Nettuno und Cesena vorgesehen sind, müssen Änderungen an der Mechanik über sich ergehen lassen.

Eine ganz andere Art der Überarbeitung erfährt eine kleine Stückzahl gegen Ende des Jahres 1971, die „Specializzata“ getauft wird: kugelsichere Windschutzscheibe (dreiteilig, weil die Originalscheibe so weit herumgezogen ist), kugelsichere Verkleidungen zum Schutz des Fahrgastraums und des Motors sowie Ketten vor den Vorderreifen. Blaulicht und Funkanlage werden anders montiert.

In der Zwischenzeit haben auch die Carabinieri Bestellungen in Auftrag gegeben. Bereits 1962 werden 1500 Giulia TI geordert, die später sukzessive durch die modernere Super ersetzt werden und seit 1967 in einem glänzenden Grün geliefert werden. Die Farbgebung wird 1971 ein weiteres Mal geändert. Von nun an sind die Wagen in blau mit weißem Dach unterwegs.

Entgegen vielen populären Behauptungen sind die Giulias der Ordnungskräfte keine umgebauten Versionen, sondern Serienfahrzeuge. Natürlich gibt es einige Ausnahmen, wie die bereits erwähnte TI Super der Polizei oder zwei Exemplare der Super für die Carabinieri, die Franco Angelini, ein römischer Experte für Tuning, „auffrischt“. Eine der beiden wird zusätzlich mit Leichtmetallfelgen und einem GTA-Motor mit 164 PS für ein Rennen der Polizeikräfte Europas 1971 in Le Castellet von Grund auf überarbeitet. Das Exemplar wird später ausschließlich für die Ausbildung und für repräsentative Aufgaben eingesetzt.

Prinzipiell unterscheiden sich die Giulias in Uniform nur durch das Blaulicht, die Funkantenne und die Gitter, die bei manchen Wagen wie bei der TI Super die beiden inneren Scheinwerfer ersetzen und hinter denen sich in diesem Fall die Sirene verbirgt.

Die Giulia wird von Polizeikräften inspiziert.
Unten rechts der Innenraum der TI in „Carabinieri-Version“.

Die Giulia spielt eine große Rolle im Kampf gegen die Kriminalität. In Italien wird sie von allen polizeilichen und militärischen Einheiten genutzt, hat aber auch in anderen Ländern großen Erfolg.

Unten: Mit einer elektrischen Vorwärmanlage waren jene Giulias ausgestattet, die in kälteren Regionen eingesetzt wurden. Die warmen Motoren waren stets startbereit.

Der Prospekt der Behörden-Giulia und ein Auszug aus dem Dokument, das die Karosseriebauer von Alfa Romeo erhielten, die Giulias für die Verkehrspolizei umbauten. Unten der Entwurf des Dokuments mit einigen handschriftlichen Ergänzungen und Korrekturen.

Rechts die Beschreibung, wie die Funkantenne auf dem Dach zu montieren sei.

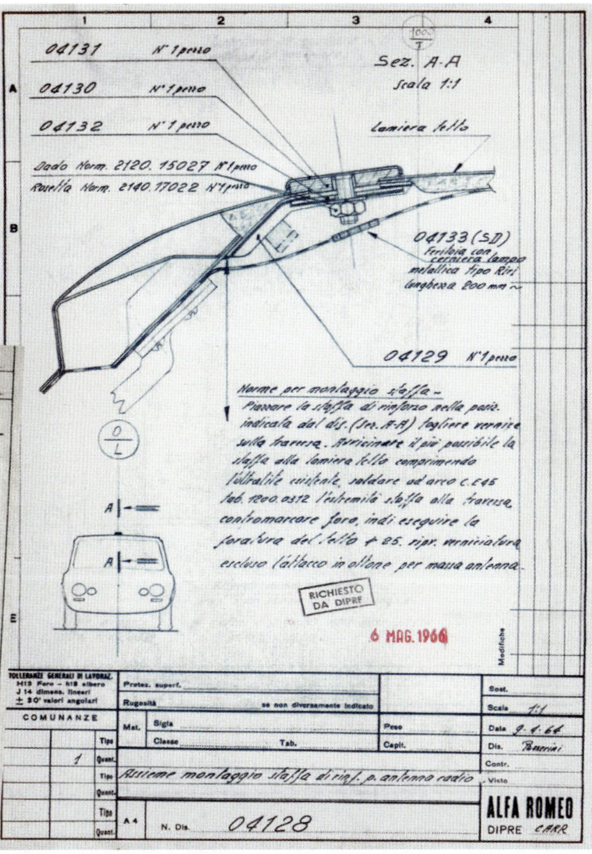

Alfa Romeo
DIPRE CARR

VETTURA GIULIA T.I.
PER SOCIETA' AUTOSTRAD[E]
VERSIONE POLIZIA STRADA[LE]

Il tetto dovrà funzionare in modo che possa [...]
tamente o solo in parte.
Non dovrà essere aumentato per nessun motivo [...]
strutture del tetto apribile al fine di evitare [...]
duzione dell'abitabilità.
Alla prova idrica nessuna infiltrazione d'acqua dovrà verifica[r]si.

PORTARUOTA DI SCORTA

Dovrà essere realizzato con un castello in lamiera incernier[ato] [...] nella parte anteriore, con un dispositivo di chiusura nella [...] posteriore.
Il portaruota dovrà essere realizzato in modo da poter faci[lmen]te estrarre la ruota di scorta dalla parte sottostante del [...]mento.
Il castello in lamiera dovrà avere una chiusura ermetica i[n] [...] da evitare infiltrazioni d'acqua all'interno della bagagli[era].

SEDILI

I sedili anteriori dovranno avere le strutture, le moll[e] [...] e le imbottiture della 105.08.
Gli scorrevoli del sedile fianco guida dovranno essere [...] modo da poterlo arretrare per permettere all'occupante [...] il traffico stando in piedi.
Dovrà essere realizzato un sedile posteriore ad un sol[o] [...] struttura tubolare, molleggiature spcda ed imbottiture [...] spugna.
La struttura dovrà essere fissata rigidamente al pavi[mento] [...]
Il rivestimento dovrà essere effettuato con finta pel[le] [...] rigida colore bruno fondo 3444.70380 che la Ditta Fi[...] per la vettura 105.39
I cannelloni dovranno essere soppressi e le cuciture [...] mitate al minimo per evitare la rottura dei fili du[rante] [...] della vettura.

VETTURA GIULIA T.I.
PER SOCIETA' AUTOSTRADE
VERSIONE POLIZIA STRADALE

N. 137 - 6
Data 28.4.66

ATTREZZATURA E DOTAZIONI SPECIALI

Le sottoelencate attrezzature e dotazioni dovranno essere installate come indicato sul figurino e come da istruzioni che darà la DIPRE CARR: GRUPPO A

N. 2 dischi ∅ 60 "Divieto di sorpasso"
" 2 " " "Direzione Obbligatoria"
" 1 disco " "Limite velocità 40"
" 1 " " "Alt - Polizia"
" 1 triangolo (1 cm 60) "Strada sdrucciolevole"
" 1 " " "Pericolo generico"
" 1 " " "Strettoia"
" 2 Appendici "Polizia"
" 1 Appendice "Incidente"
" 1 " "A m 100 Deviazione"
" 1 " "Fondo dissestato"
" 1 " "Urge medico"
" 1 " "A m 100 Alt"
" 10 Coni in gomma
" 10 Torce a vento
" 4 Bandierine rosse
" 4 Lampade portatili a luce fissa o lampeggiante (luce bianca - rossa - gialla)
" 2 Cartelli "Pericolo generico" con appendici "Incidente" e "Urge medico" con cavalletto speciale.
" 2 Estintori tipo Kidde Dry da Kg. 6

GRUPPO B

N. 1 Cassetta per materiali rilevazione incidenti (macchina fotografica, flash, rotella metrica, riga, squadra, gesso, matite, carta, mascherina per tracciamento segni, vernice spray)
" 1 leva in ferro con prolunga
" 1 Palanchino curvo
" 1 Sacchetto contenente Kg. 5 di assorbente Sol Speed Dry.
" 1 Cassetta per presidi chirurgici e farmaceutici (come da art.28 e 56 Decreto 303del 19.3.65)

GRUPPO C

N. 1 Sacco di tela contenente:
N. 1 cappuccio di amianto
" 1 coperta di amianto
" 2 paia guanti di amianto
" 2 coperte di lana
N. 1 fune di nylon da traino
" 1 canestro per acqua (litri 5)
" 1 badile
" 1 piccone

La Giulia combinata

La Giulia, sia nella cilindrata 1300 che in quella 1600, vie[...]ne ora proposta nella versione combinata.
Le sue caratteristiche la rendono particolarmente idonea per le operazioni di rilevamento sinistri e di primo soccorso.
Particolari accorgimenti ed elaborazioni hanno reso possibile la realizzazione del modello, assicurando un'ottima pra[ti]cità per gli impieghi cui è destinato.
Il tetto apribile, completamente metallico, è ottenuto se[nza] diminuire sensibilmente l'abitabilità in altezza della vettura e, grazi[e] alle possibilità di arretramento del sedile anteriore, la cui corsa è maggiore rispetto alla versione normale, con[sen]te all'agente di regolare il traffico stando in piedi ne[lla] vettura.
L'unico posto posteriore a schienale ribaltabile, conse[nte il] trasporto di una terza persona senza ridurre il notevol[e spa]zio disponibile per la sistemazione delle attrezzature [neces]sarie (oltre 1,9 mc. con schienale posteriore abbassat[o). Que]ste possono essere le più varie a seconda delle esigen[ze di] servizio, come:cassetta per rilevazioni metriche e fo[tografi]che, cassetta di primo soccorso, serie di cartelli e [segnali] stradali, ecc.
I pneumatici sono di sezione più larga (165x15) risp[etto alla] versione normale, per consentire una maggiore portat[a]. Essi assicurano una ottima tenuta di strada anc[he nelle] massime condizioni di carico.
Pur essendo identica alla Giulia di serie nelle st[rutture e] nella impostazione, la versione combinata se ne di[fferenzia] per i seguenti elementi:
- Lunghezza interna (dallo schienale anteriore alla porta posteriore) ....mm. 1660
- Larghezza interna del vano di carico..........mm. 1325

./.

Accessoristica specifica.

Per gli impieghi di pronto intervento, le Giulia possono essere predisposte per l'applicazione dei seguenti accessori ed apparati:

- Lampeggiatore a faro rotante
- Sirena
- Gruppo ricetrasmittente
- Microtelefono
- Altoparlante
- Schermaggio antidisturbo radio
- Antenna
- Batteria supplementare (da 64 Amp./h per la versione normale e da 88 Amp/h per quella combinata)
- Alternatore da 35 Amp./h
- Estintore
- Fari antinebbia
- Serie trombe
- Ganci di traino
- Cinture di sicurezza.

In einigen Fällen ist auch ein schwenkbarer Scheinwerfer vorhanden. Die Batterie wird in den Kofferraum verlagert, der gleichzeitig Platz für die Polizeiausrüstung bietet. Das Innere wird mit Bezügen aus braunem Skai und Funkradio ausgestattet.

Die Giulia „in divisa" prägt eine Epoche, in der die Ordnungskräfte modernisiert werden. Operative Zentralen mit elektronischen Schalttafeln, konstanter Funkkontakt, spezielle Fahrer-Ausbildung, Ausbau der Fuhrparks und der Werkstätten werden zu Standards. Die Giulia als *Pantera* oder *Gazzella* repräsentiert das alles deutlich sichtbar und wird so zum bis heute gültigen Symbol einer Epoche.

Daher sind es gerade Giulias, die sowohl auf der Seite der *buoni* (Guten) als auch auf seiten der *cattivi* (Bösen) zu Protagonisten eines Filmgenres werden, das bis heute als spezielle Krimi-Abart in Italien sehr geschätzt wird: der *polizziottesco*.

Das hohe Leistungs- und Qualitätsniveau der Giulia spricht sich herum und führt zu Anfragen der Polizeien unter anderem der Schweiz, der Niederlande und West-Deutschlands, so dass in dieser Zeit viele Giulias die italienischen Grenzen passieren.

Sportliche Karriere

Unten: Der Mini Cooper S ist einer der meistgefürchteten Rivalen der Giulia in der Rennsaison 1963, als die Giulia noch nicht die ersehnte Zulassung zur Turismo-Klasse hat.

Die Giulia ist von Anfang an ein Auto mit betont sportlicher Note. Im echten Hochleistungssport tummelt sie sich allerdings nur kurze Zeit. Trotz zahlreicher Siege bleibt sie bald im Schatten der von ihr abgeleiteten Versionen, die dank ihrer Qualitäten als Rennwagen oder aber aus Marketinggründen im Vordergrund stehen.

Das „offizielle" sportliche Engagement beginnt mit der Präsentation der Giulia TI Super im April 1963. Ziel ist es, die Homologation für die Tourenwagenklasse zu erlangen, die zur damaligen Zeit ein Aushängeschild für die Rennabteilungen vieler namhafter Automarken war. Die Notwendigkeit, mehr als 500 Exemplare zu bauen, zwingt aber Alfa Romeo zu einer langen Wartezeit, bevor die ersehnte Zulassung im Januar 1964 erfolgt. In der Zwischenzeit wird die TI Super für Rennen der

Die Giulia hat einen außergewöhnlichen Erfolg bei der Tour de France, als der weiße Wagen aus Arese sich imstande erweist, GT Schwierigkeiten zu bereiten, die doppelt so viel Hubraum und doppelt so viele PS haben. Der Erfolg im materialmordenden Rennen ist der Geschwindigkeit und der großen Zuverlässigkeit zu verdanken.

ihr offen stehenden Gran-Turismo-Klasse eingeschrieben. Sie ist daher gezwungen, sich mit Wagen zu messen, die ausschließlich für den Wettkampf konstruiert wurden und deren technische Ausstattung deshalb auf einem deutlich höheren Niveau ist. Die am meisten gefürchteten Gegner sind Lotus Cortina und Mini Cooper S. Trotzdem macht die Giulia eine gute Figur, ist oft genug in der Favoritenrolle und holt auch so manchen Sieg.

Die Entwicklung des Wagens erfolgt zwar vollständig durch Alfa Romeo, aber die sportliche Betreuung und Führung wird privaten Unternehmen übertragen. Diese sind vollständig vom Mutterhaus abhängig und werden von zwei berühmten Testfahrern des *Biscione*, Guido Moroni und Bruno Bonini unterstützt. Die Farben von Alfa Romeo werden bestens durch die Mailänder Scuderia „Jolly Club“ vertreten, die eine Anzahl TI

Bilder einer unvergesslichen sportlichen Karriere, die aus überwältigenden Siegen wie dem von De Adamich-Arcioni beim Vierstundenrennen von Monza 1965 (oberes Foto), aber auch aus Kämpfen um die letzte Kurve (mittleres Foto) besteht.

Unten: Am Start des 24-Stunden-Rennens von Spa-Francorchamps 1969.

Super betreut. Die Wagen sind natürlich weiß lackiert. Zusätzlich tragen sie auf der Motorhaube aber noch markante Streifen in den Farben der italienischen Trikolore. Unter den Tuning-Spezialisten sind einige der bekanntesten Namen: Almo Bosato, Virgilio Conrero, Samuele Baggioli oder die Brüder Facetti.

Konnte sich bereits die Straßenversion der beachtenswerten Leistung von 112 PS rühmen, so streifen die Rennversionen oft die 140 PS, genug, um sie auf den gewundenen Rallyestrecken, vor allem aber auf den schnellen Geraden der Motodrome, wo sich neben der Leistung auch die gute Aerodynamik bemerkbar macht, wettbewerbsfähig zu sein – etwa in Monza, dem „Tempel der Geschwindigkeit".

Im Jahr 1963 wird der Wettkampf in unterschiedlichen Kategorien immer lebhafter. Roberto Bussinello liefert sich heiße Wettkämpfe bei Bergrennen und bleibt im Vergleich zum Favoriten Porsche Carrera GTL von „Noris" oft vorne, während das Paar Pensier-Areclin die französische „Rally du Var" beherrscht.

Die TI Super glänzen außerdem jenseits der Alpen bei der faszinierenden und mörderischen „Tour de France", einem Marathon von mehr als 6000 km mit neun Spezialprüfungen in den Bergen und sieben Rennen auf Rundstrecken – und alles innerhalb von nur neun Tagen. Hier wird sehr schnell klar, welcher Wagen wirklich schnell ist. Der entscheidende Faktor jedoch, der am Ende nur 31 der 120 gestarteten Mannschaften das Ziel erreichen lässt, ist die Zuverlässigkeit. Die des *bialbero* ist mittlerweile wohlbekannt. Nur zwei Ferrari GTO und ein SWB, alle drei mit V12-Motor und annähernd dem doppeltem Hubraum, schaffen es, der Giulia von Masoero-Maurin Paroli zu bieten, die Vierte im Gesamtklassement – vor weiteren GTO – und unangefochtene Klassensieger werden.

Das Jahr endet mit einem Dreifachsieg bei der „Coppa Intereuropa di Monza". Anschließend wird endlich die lang ersehnte Homologation für die Tourenwagenklasse erteilt und die Klassensiege füllen von nun an eine lange und buntgemischte Liste: Herbert-Burgraff gewinnen ihre Klasse bei der „Rallye Monte Carlo", De Adamich in Portugal und die „Coppa Carri" von Monza. Arnaldo Cavallari beherrscht zusammen mit einem jungen Sandro Munari als Copiloten die Rennen in Sardinien und in San Martino di Castrozza. 1965 wird es noch internationaler. Zum Dreifach-Klassensieg beim Zwölfstundenrennen von Sebring kommen Siege bei der „Rallye A.C.F." (Masoero-Massad), bei der „Rally dei Fiori" (Bottalla-Chiaddini) und beim Europa-Pokal (De Adamich-Arcioni).

Die TI Super machen auf allen Strecken eine gute Figur, auch bei der Rallye Monte Carlo, wo sie 1964 den Klassensieg holt (oben links). Unten eine Giulia Super TI vor der „Cousine“ Giulietta SZ.

Es folgen Zandvoort, Spa-Francorchamps, Melbourne und Ixelles. Die Leistung von Enrico Pinto auf der Rennstrecke von Mugello bleibt unvergessen. Noch einmal schafft die Giulia den vierten Gesamt-Platz hinter drei Ferraris und lässt sogar die Giulia TZ von Zuccoli-Riva, den GTA von Zeccoli-Di Bona und eine Schar leistungsstarker GT hinter sich. Heftiger Regen kommt ihr dabei zu Gute, weil sich im schlechten Wetter die Vorteile der außergewöhnlich guten Straßenlage der „Familien-Limousine, die Rennen gewinnt", ausspielen lassen.

Der Gewinn der Hessen-Rallye, der 1000 km von Brasilien und der 24 Stunden von Interlagos sind die Krönung des Jahres 1966, in dem bereits die Übermacht der GTA in der Gran-Turismo-Klasse offensichtlich ist. Bemerkenswert ist auch der letzte Sieg in der griechischen Tourenwagen-Meisterschaft von Ioannis „Mavros" Meimaridis.

Aber die sportliche Aktivität der Giulia-Limousine beschränkt sich nicht auf das halboffizielle Engagement mit den TI Super. Viele Privatpersonen nehmen mit „normalen" TI

Es rennen nicht nur TI Super. Hier rollt eine Giulia Super zum Start der Rallye Monte Carlo.

Nächste Seite: Von Finnland bis Katanga – die von den privaten Piloten mit der Giulia in ihren verschiedenen Versionen eingefahrenen Siege lassen sich kaum zählen.

11

AE 53.516

27

6

alfa romeo
79-13-TE

Rechts und unten: Die Teilnehmer der „Fahrt der Brüderlichkeit und des Friedens" passieren Paris und einen unbekannten Ort im Iran.

Ryszard Zyszkowski dominiert mit einer Giulia TI die 1600er Klasse bei der DDR-Rally von 1969.

oder Super an Wettbewerben unterschiedlichster Art teil, auf Rundstrecken, bei Rallyes sowie den großen Raids.

Auf diese Weise entsteht eine zweite Siegerliste, die vielleicht nicht so ruhmvoll klingt wie die der TI Super, die aber noch sehr viel länger ist. In allen Teilen der Welt werden Siege in den unterschiedlichsten Wettbewerben errungen. Sie belegen die unglaubliche Vielseitigkeit des Sportwagens Giulia. Im Gegenteil, ganz im Geiste Alfa Romeos zeigt sie, dass sie auf allen Straßen, Pisten und Bergen schnell und zuverlässig ist, und das sowohl in den Händen großer Champions als auch in denen leidenschaftlicher Privatfahrer.

Hier nur einige Beispiele: Hans Kreps dominiert am Lenkrad einer Giulia Spider die internationale Polizeirallye 1968 in Belgien (1973 nimmt auch die holländische Polizei mit einer Giulia am Rennen teil), Ole Hoyer gewinnt die Dänische Rallye-Meisterschaft 1968 mit einer Giulia Super, 1969 beherrscht die Giulia TI von Ryszard Zyszkowski ihre Klasse bei der DDR-Rallye, während die Super von Pollas-Stanzos die Pfingst-Rallye von Katanga erneut gewinnt. Im Jahr 1971 sind Salutskij-Karki mit einer Super Spitzenreiter der Gruppe 1 bei der finnischen Keimola 500, während Esposito-Randall Klassensieger bei der mittlerweile legendär gewordenen East African Safari werden.

1968 organisiert Alfa Romeo den „Raid della Fratellanza e della Pace", also eine „Fahrt der Brüderlichkeit und des Friedens". Manuel Lualdi sowie neun Mitstreiter fahren mit vier Giulia Super und zwei Matta von Rom nach Canton in China. Die Strecke misst 30.000 km und führt durch 26 Länder. Täglich müssen alle möglichen Hindernisse und Schwierigkeiten bewältigt werden, was die Mechanik der Fahrzeuge auf eine harte Probe stellt.

Weitere Fotos vom „Raid della Fratellanza e della Pace", einem Marathon durch 26 Länder und über 30.000 km, bei dem jegliche Art von Schwierigkeiten wie extreme klimatische Bedingungen, Mangel an festen Straßen und nicht zuletzt Probleme politischer Ordnung zu überwinden sind.

Der echte Rennsportwagen Giulia TZ und ihr Nachkomme TZ2 stammen direkt vom Serienwagen Giulia ab.

Ableger

Von Anfang an, noch bevor das Projekt Wirklichkeit wird, ist klar, dass die Limousine das Ausgangsmodell einer großen und vielfältigen Familie sein wird, selbstverständlich inklusive eines Coupés und eines Cabriolets – weitere Ableger nicht ausgeschlossen.

Die ersten beiden, Giulia Sprint und Giulia Spider, werden sogar gleichzeitig mit der TI im Motodrom von Monza präsentiert. Es handelt sich bei beiden um nichts anderes als eine Modernisierung der alten und erfolgreichen Zweisitzer-Version der Giulietta, die verbessert und vor allem mit einem 1600er Motor, den später auch der Sprint Speciale erhält, ausgestattet wird.

Der erste „wirkliche" Ableger der Giulia wird erst 1962 der konsequent sportliche TZ sein. Ein extrem leichtes Fahrgestell aus einem filigranen Rohrrahmen („telaio tubolare") wird mit den Bauteilen der Giulia und vor allem mit einem für den sportlichen Einsatz angepassten Motor mit 113 PS ausgestattet. Auch die vorderen Radaufhängungen stammen original von der Giulia, während die hintere Starrachse durch eine Einzelradaufhängung ersetzt wird.

Das technische Innenleben der Giulia TZ mit ihrem filigranen Rohrrahmen und der ungewöhnlichen und komplexen Hinterradaufhängung.

Unten: Eine TZ2 während eines Rennens.

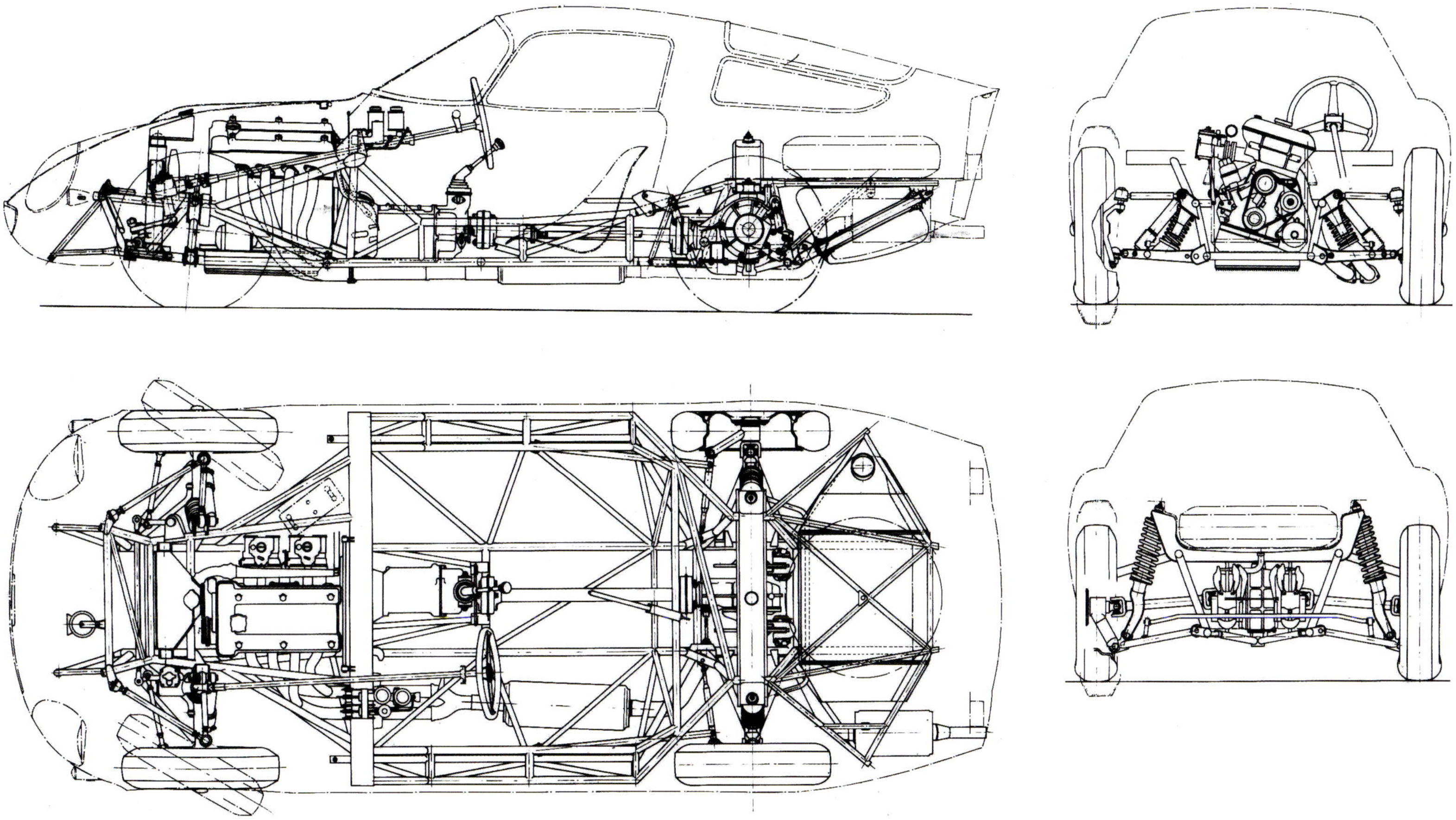

Die Bremsen sind innenliegend am Ausgang des Differenzials angebracht. Die Karosserie ist ein Meisterstück von Zagato (daher der Name „Tubolare Zagato“) und besteht aus Aluminium – nur die letzten Exemplare erhalten eine Fiberglas-Haut. Dank ihrer großen Leistungsstärke, einem Gewicht von nur 660 kg, einer ausgezeichneten Aerodynamik und einer optimalen Feinabstimmung fährt die TZ zahlreiche Siege (vom Zwölfstundenrennen von Sebring bis zur Targa Florio) ein.

Die Produktion, die in den Händen von Carlo Chitis Autodelta liegt, endet nach wenig mehr als 100 Exemplaren. Erbin der Giulia TZ wird die TZ2. Die auf 170 PS gesteigerte Leistung, ein auf 620 kg reduziertes Gewicht und eine Höchstgeschwindigkeit von 250 km/h ermöglichen es ihr, die sportliche Szene auch gegenüber Wagen mit doppelt so großem Hubraum zu beherrschen. In der Zwischenzeit, im Jahr 1963, wird eine originelle Coupé-Version präsentiert, die Giulia Sprint GT, deren Karosserie Bertone entworfen hat. Dort hat Giorgio Giugiaro den Zeichenstift geführt, der seinerzeit im Turiner Atelier beschäftigt ist.

Der bekannteste Ableger der Giulia wird „der Bertone“ sein, mit vollem Namen: Giulia Sprint GT.

1300 Junior – die Giulia, die siegt.

Unten: Das seltene, von Touring umgebaute Cabriolet GTC.

Rechts: Die Giulia Sprint GT Veloce auf der Beregnungsstrecke in Balocco.

Der Präsident von Alfa Romeo, Luraghi, und Geschäftsführer Di Nola übergeben einen Spider an Guidobaldo Trionfi, der unter den sieben Personen ausgelost wurde, die bei einem öffentlichen Preisausschreiben für den neuen Wagen den Namen „Duetto“ vorgeschlagen hatten. Am Ende wird der Name jedoch nie offiziell übernommen.

Unten: Das erste und das letzte Modell des Spiders. Erst 1994 wird die Produktion eingestellt.

Abgesehen von der ebenso glücklosen wie faszinierenden Giulia Sprint GTC, die von Touring entworfen wurde und von der nur 100 Exemplare hergestellt werden, fehlt in der Familie noch eine offene Version. Die Lücke wird 1966 endlich mit dem Auftritt des Spider 1600 geschlossen, der allseits unter dem Spitznamen „Duetto“ bekannt ist. Der Name war ursprünglich aus einem öffentlichen Wettbewerb hervorgegangen, an dem mehr als 140.000 Personen teilgenommen und von denen sieben den Vorschlag „Duetto“ gemacht hatten. Der Name wird jedoch verworfen, da er bereits durch das Copyright einer Süßwarenfirma geschützt ist.

Auch der Spider 1600 wird zu einem Klassiker. Die Produktion wird erst 1994 nach vier grundlegenden Neugestaltungen und unzähligen Versionen eingestellt.

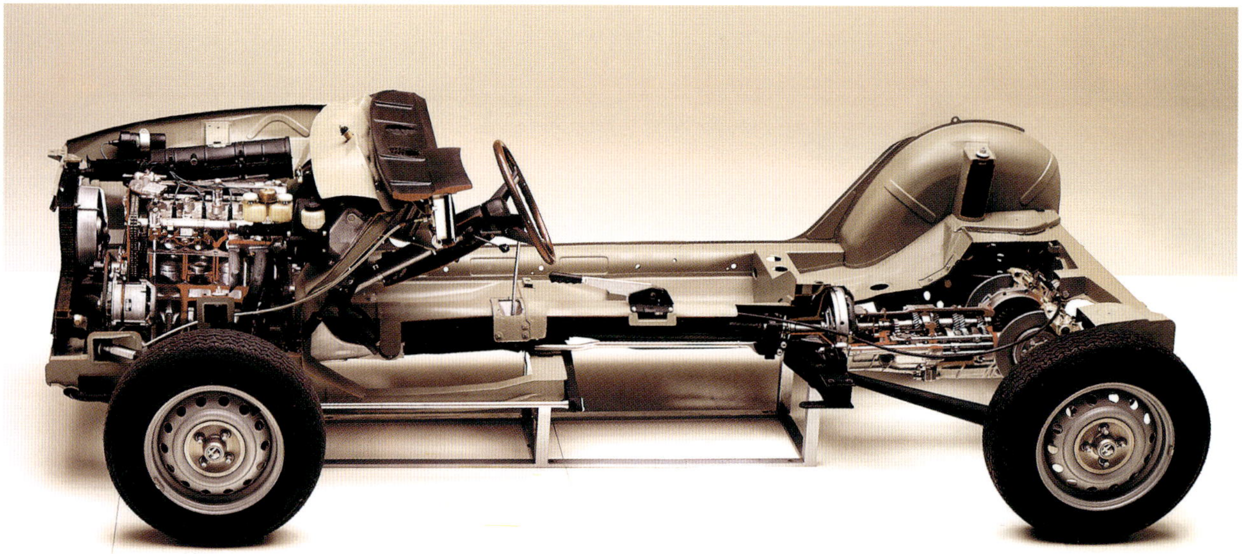

Oben: Das Schnittmodell präsentiert die technische Basis der Alfetta.

Unten: Die neue Giulietta wird 1977 vorgestellt und löst die Giulia ab. Die Röntgenzeichnung offenbart den Transaxle-Antrieb der großen Schwester Alfetta.

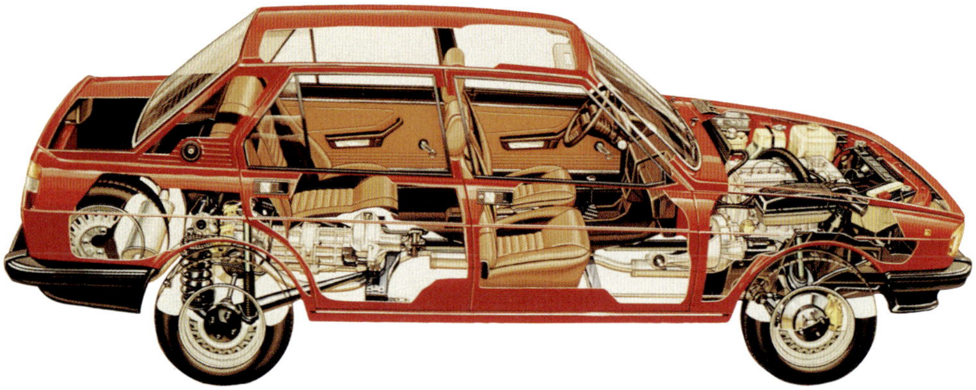

Erben

Die natürliche Erbin der Giulia ist die neue Giulietta, die 1977 mit dem ausgereiften Transaxle-Antrieb in Produktion geht, der fünf Jahre zuvor erstmalig bei der Alfetta eingebaut worden war. Die Giulia war ein enorm vielseitiges Produkt. Mit den kleineren Versionen wurden die Bedürfnisse des Massenmarkts befriedigt, mit den besonders leistungsstarken und sportlichen vor allem Kunden aus den höheren Einkommensklassen gewonnen. Einen Teil des Erbgutes übernimmt

Oben: Auf dem Autosalon von Turin 1970 steht neben den vielen Giulias bereits die Berlina mit 1750er-Motor.

Unten: Bei ihrer Einführung 1972 präsentiert sich die Alfetta als komplett neuer Wagen: Die moderne Form und die Technik für Feinschmecker machen aus ihr einen veritablen Bestseller.

1968 die 1750er-Limousine, die bald auch einen Zweiliter-Motor erhält, einen anderen 1972 die Alfetta, auch wenn sie nach Abmessungen, Leistung und Preis in eine höhere Klasse einzustufen ist.

Was die Giulietta betrifft, so besteht die Absicht, die Motorisierungen der Giulia einschließlich des Einstiegsmodells 1300 wieder aufzunehmen. Der Motor wird von Grund auf erneuert. Der Hubraum wird von 1290 auf 1357 cm^3 und die Leistung von 88 auf 95 PS geringfügig angehoben. Größere Abmessungen, ein deutlich höheres Gewicht (1100 kg gegenüber den 1000 kg der Giulia) sowie die insgesamt gegenüber der Giulia glanzlos wirkende Erscheinung kosten die Giulietta Sympathien. Allerdings reagiert Alfa Romeo darauf, indem die Giulietta auch mit einem 1.8- und einem Zweiliter-Motor angeboten wird.

Auch nach dem Produktionsende der Giulia kommt es noch häufig vor, dass „wahre" Alfisti bei Vertragshändlern nachfragen, ob sie noch eine Giulia kaufen können!

Die Giulia ist ein modernes und zuverlässiges Auto, was sie vor allem ihrer zwar anspruchsvollen, aber robusten Technik verdankt. Die Karosserie ist gut verarbeitet und die Lackierung ziemlich sorgfältig. Dabei darf man nicht vergessen, dass es sich um ein Automobil handelt, das Ende der 1950er Jahre geplant und im Jahrzehnt darauf gebaut wurde, als das Thema Korrosionsschutz noch ein wenig behandeltes war.

Vieles hängt daher davon ab, wie die Giulia gefahren und gepflegt worden ist, sowie von der Qualität der eventuell im Laufe der Jahre vorgenommenen Reparaturen und Instandhaltungsmaßnahmen. Bei frühen Reparaturen, die vorgenommen wurden, als der Wagen schlicht genutzt und nicht als Sammlerobjekt behandelt wurde, können Teile verwendet worden sein, die nicht mit denen des Originals übereinstimmen. Oder die Arbeiten können weniger sorgfältig durchgeführt worden sein.

Wichtig ist es, sich zu vergewissern, dass der Wagen möglichst unfallfrei ist. Exemplare, die ohne Blessuren ihr bisheriges Autoleben gelebt haben, sind stets zu bevorzugen. Wenn sie dann noch gut erhalten und mit der erforderlichen Sorgfalt restauriert worden sind, steht dem Kauf wenig im Wege.

Ersatzteile für die Giulia sind in der Regel leicht zu bekommen und meist nicht einmal übermäßig teuer. Die große Verbreitung des Wagens und seiner Ableger hat jedoch auch dazu geführt, dass es Ersatzteile von höchst unterschiedlicher Qualität gibt. Auch in diesem Fall ist es also sinnvoll, achtsam zu sein und, wenn möglich, die wenigen noch erhaltenen Originalersatzteile zu bevorzugen.

Im Folgenden werden kurz die Hauptschwachstellen aufgezeigt, die vor einem Kauf und während einer Instandsetzung zu kontrollieren sind.

KAROSSERIE

01 – Nahtstellen der Bleche

Schweißnähte, Hohlräume und Nahtstellen zwischen den einzelnen Blechen sind die Orte, an denen sich der Rost schnell einnistet. In vielen Fällen wird die Behandlung der betroffenen Oberfläche ausreichen. Geht die Korrosion aber tiefer, heißt es austauschen oder womöglich wiederherstellen, was ein delikates und teures Unterfangen sein kann. Zu den Punkten, die kontrolliert werden sollten, gehören die Schweller sowie Front- und Heckschürze und vor allem der Bereich der Stoßstangenaufnahmen. Ist zwischen vorderem Kotflügel und Schweller kein Spalt mehr zu sehen, kann das ein Zeichen für Pfusch am Karosseriebau sein.

02 – Wagenheberaufnahmen

Ein großer Schwachpunkt sind die Wagenheberaufnahmen. Man sollte immer kontrollieren, ob alle vier unversehrt, perfekt in Linie und gut am jeweiligen Längsträger befestigt sind. Werden die Aufnahmen belastet und geben nach – oder verformen sich gar die benachbarten Bleche – ist das ein wirklich schlechtes Zeichen. Die Karosserie hat dann bereits massive Rostschäden und ist entsprechend geschwächt.

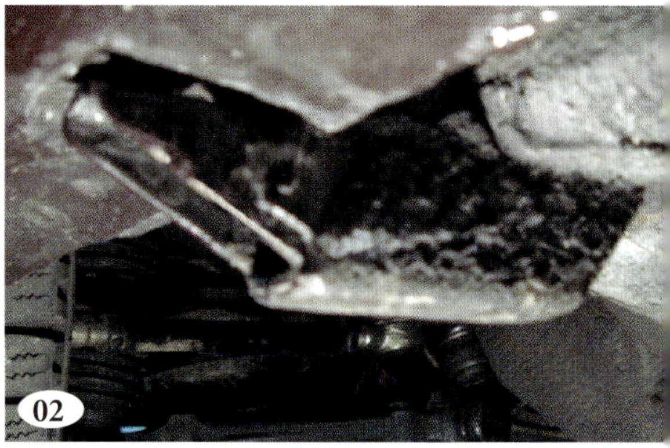

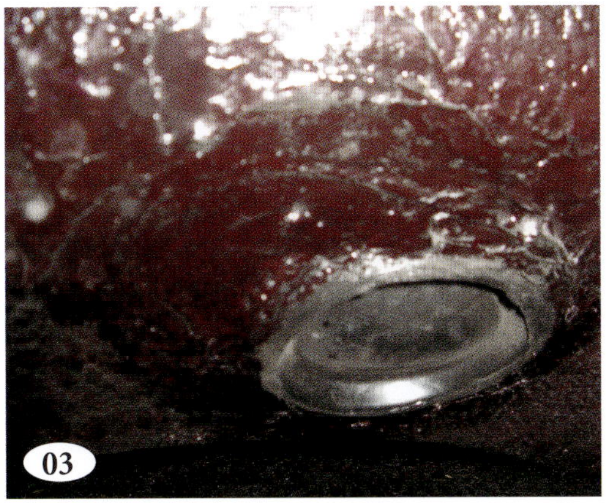

03 – Ersatzradmulde

Die Mulde für das Ersatzrad ist ein delikater Punkt. Auf der Außenseite ist sie stark Steinschlag und Streusalz ausgesetzt, während im Innern Wasser stehen bleiben kann, das oft durch defekte Dichtungen der Rückleuchten eindringt (ein weiteres Detail, das kontrolliert werden sollte). Es ist schwierig, Exemplare zu finden, die an dieser Stelle vollkommen frei von Rost sind, es sei denn, sie wurden erst vor kurzer Zeit restauriert. In diesem Fall sollte man überprüfen, mit welcher Sorgfalt die Arbeiten ausgeführt worden sind. Heikle Stellen sind oft von Farbe oder Grundierung überdeckt, so dass gravierende Defekte darunter verborgen bleiben. In jedem Fall sollte man sicherstellen, dass eventuell vorhandener Rost nur oberflächlich ist.

04 – Türkanten

Das klassische Problem der Giulia ist die Korrosion an der Unterseite der Türen. Daher sollte man von außen wie von innen und vor allem unter den Dichtungen nachsehen. Vorsicht bei Nachlackierungen und Spachtelmasse, die auch hier Korrosion verbergen können. Der Magnettest hilft: Bleibt der Magnet haften, befindet sich unterm Lack immer noch mehr Blech als Spachtelmasse.

05 – Radkasten

Neben Türen und Schwellern sind die Radkästen und der Teil, der unmittelbar an die hinteren anschließt, kritische Elemente, die durch scharfe Ecken, Hohlräume sowie ihre exponierte Lage außergewöhnlich anfällig gegen Rost sind. Wiederherstellung und Ersatz sind nicht besonders schwierig, aber auch nicht billig. Achtung bei älteren Reparaturen und der massiven Präsenz von Grundierung und Spachtelmasse.

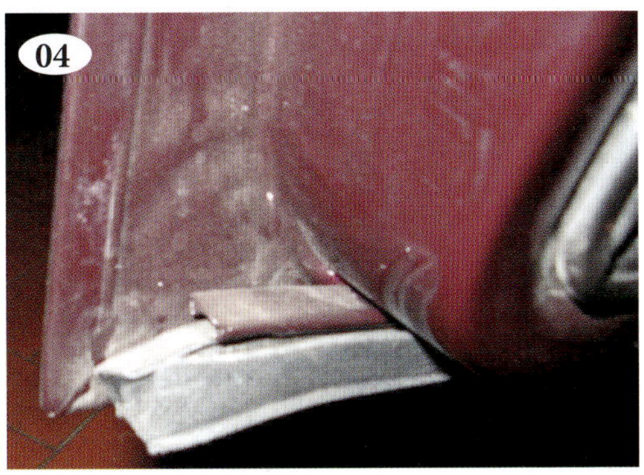

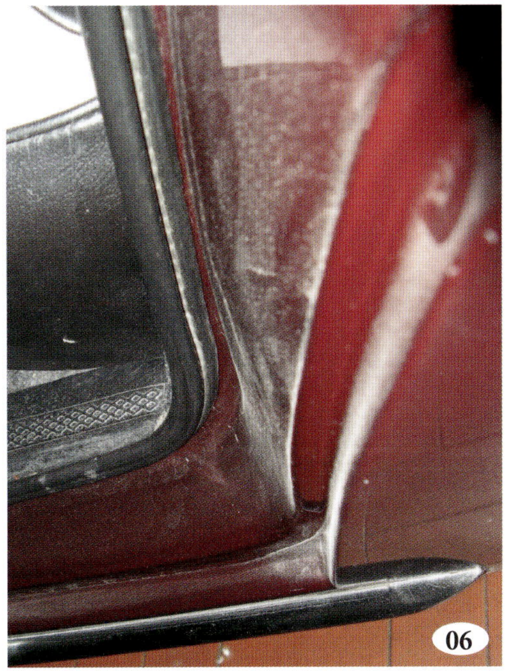

06 – Türrahmen

Auch die Türrahmen, insbesondere die hinteren, sind sowohl von innen als auch von außen zu kontrollieren.

07 – C-Säulen

Die Schweißnaht zwischen dem Unterteil der Karosserie und dem Dach an der Basis der C-Säulen ist ein Schwachpunkt, an dem es auch sehr oft und sichtbar unter dem Lack blüht. Bei vielen Versionen findet sich auf der Säule eine Plakette („bollo oro", „biscione" usw.), bei anderen, etwa bei der Nuova, eine in Wagenfarbe lackierte Blende, unter der es dann im Verborgenen rosten kann.

08 – Grundierung der Karosserie

In der Vergangenheit wurde der untere Teil der Karosserie oft dick mit einer Grundierung versehen, die auch Steinschlagschäden am Blech verhindern sollte. Abhängig davon, wann sie aufgetragen wurde und wer dafür verantwortlich war, können sich darunter allerdings auch gravierende Mängel verstecken. Zudem ist die „Orangenhaut" ein ästhetischer Makel.

09 – Lüftungsschlitze

Die Lüftungsschlitze vor der Windschutzscheibe können wie alle Öffnungen im Blech ein Angriffspunkt für Korrosion sein, das gilt vor allem für jene Exemplaren mit verchromten Zierleisten.

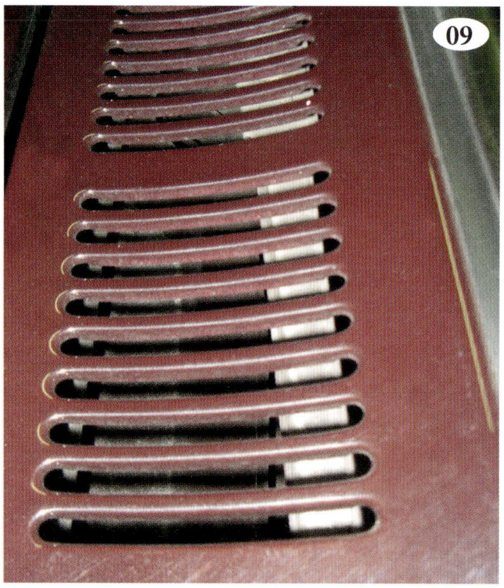

10 – Regenrinnen

Die Regenrinnen auf dem Dach sind an vielen Stellen mit einem Harz versiegelt, das auch nach vielen Jahren noch weich und gummiartig bleibt. Es sollte nicht mit Verschmutzung verwechselt und daher auch nicht entfernt werden. Im Gegensatz dazu sind echte Verschmutzungen sowie Ablagerungen zu entfernen, und es ist zu überprüfen, ob Rost vorhanden ist.

11 – Lackierung

Bei der Begutachtung tut man gut daran, die Übereinstimmung der Lackierung mit der Originalfarbe zu kontrollieren. Mit der Chassis-Nummer ist es möglich, über das Dokumentationszentrum von Alfa Romeo die Kenndaten zu erhalten. Oft sind zahlreiche Lackschichten vorhanden, die auf frühere Ausbesserungen hinweisen. Sollten Risse oder Absplitterungen sichtbar sein, kann die Reparatur kompliziert werden, da man die Lackierung vom blanken Metall aus wieder aufbauen muss.

12 – Grundierung auf den Innenseiten

Abhängig von Baujahr und Version wurden unterschiedliche Grundierungsbehandlungen eingesetzt. Ein Auftrag von variierender Stärke kann Hinweis auf eine frühere Reparatur sein.

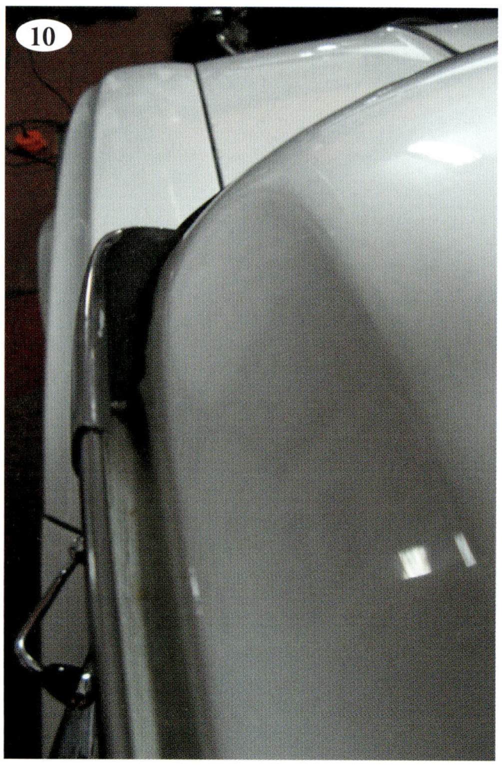

13 – Schriftzüge, Zierteile und Beleuchtung

Man sollte mit Sorgfalt die Korrektheit der Schriftzüge, der Scheinwerfer und der Zierleisten kontrollieren. Gerade letztere sind bei der Giulia in großer Zahl vorhanden und oft von Version zu Version unterschiedlich. In Abbildung 13 auf der nächsten Seite sind zwei unterschiedliche Seitenblinker dargestellt. Darüber hinaus sollte man verifizieren, dass

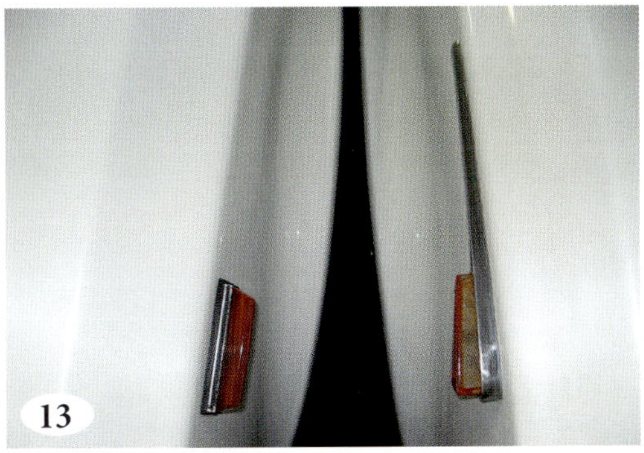
13

die Befestigungspunkte und die Kontaktflächen mit der Karosserie in gutem Zustand sind.

14 – Radkappen

Ein weiteres Detail, das in der Vergangenheit oft vernachlässigt wurde, ist die Wahl der zur jeweiligen Version gehörenden Radkappen. Tragen die Radkappen etwa einen schwarzen Plastikring, sollte man auf Befestigung und Unversehrtheit achten.

14

15 – Aufkleber

Bei einem gut erhaltenen oder mit Sorgfalt restaurierten Wagen müssen alle Aufkleber tadellos und an der richtigen Stelle angebracht sein. Oft sind sie beschädigt und manchmal sogar mit Farbe überstrichen.

15

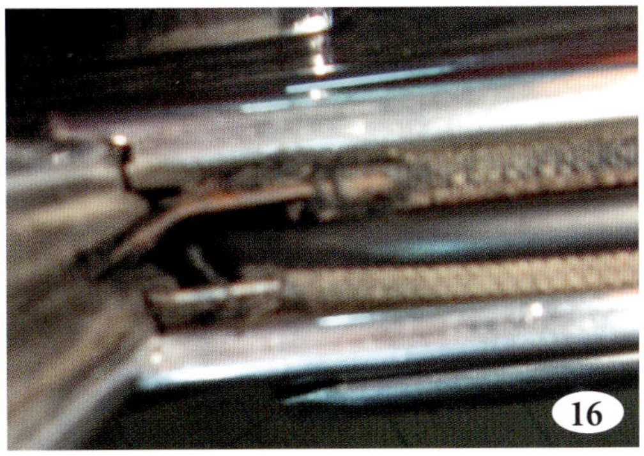
16

16 – Dichtungen

Heute sind Dichtungen leicht als Ersatzteil (Vorsicht bei der Qualität) zu finden. Es lohnt sich in jedem Fall, defekte zu ersetzen. So können abgenutzte Dichtungen der Kurbelfenster die Scheiben zerkratzen.

INNENAUSSTATTUNG UND INSTRUMENTE

17 – Sitze

Im Innern geht es zunächst um die auffälligsten Teile: die Sitze. Stellen Sie sicher, dass die Bezüge zum Modell und auf die Sitze passen. Vor allem bei den frühen Versionen sollte man auf die Stabilität des Rahmens, auf die Federung und den Zustand der Polsterung achten.

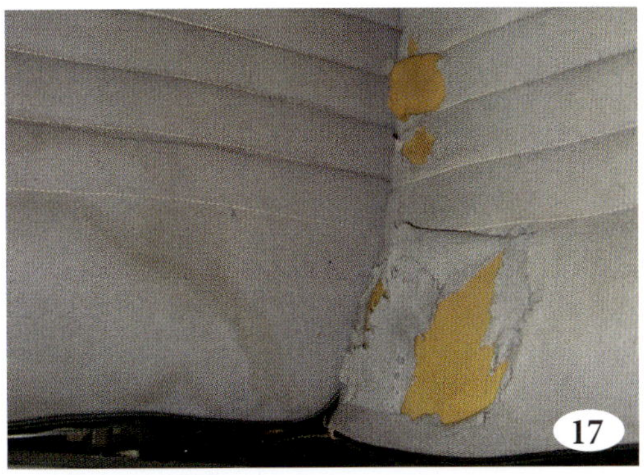
17

17

18

18 – Verkleidungen

Die Türverkleidungen und die Bodenbeläge nutzen sich schnell ab. Sofern sie erneuert worden sind, sollte kontrolliert werden, ob passende Teile und Materialien verwendet wurden. Die Türpanele dürfen nicht verformt oder knitterig sein. Auch der Zustand der Befestigungsschrauben sollte vor allem im Bereich der Armlehnen kontrolliert werden.

19

19 – Dachhimmel

Die Verkleidung des Dachs ist in der Regel gut befestigt und neigt nicht dazu, durchzuhängen oder gar herabzufallen. Sie kann aber nichtsdestotrotz eingerissen sein oder, was sehr häufig der Fall ist, durch Wassereintritt oder Nikotin verfärbt. Einen genaueren Blick verdienen die Flächen an den Haltegriffen, den Säulen und den Sonnenblenden. Die Polsterung der Blenden hat oft gelitten, und der Mechanismus, der sie in der Ausgangsposition hält, funktioniert gelegentlich nicht mehr.

20

20

20 – *Einzelteile der Innenausstattung*

Es gibt eine Vielzahl von Kleinteilen, die es wert sind, auf Übereinstimmung mit dem Original und ihren Zustand hin überprüft zu werden: Deckenleuchten, Griffe, Aschenbecher, Schalthebel, Rückspiegel, Schriftzüge und Verkleidungen des Armaturenbrettes. Die Arbeit ist zwar langwierig und kompliziert, aber es ist besser, böse Überraschungen zu vermeiden, deren Behebung schnell kostspielig werden kann.

21 – *Schalter*

Es gibt in der Regel nur drei Kipp- oder Wippschalter. Mit ihnen bedient man die Instrumentenbeleuchtung, das Lüftergebläse und die Scheibenwischer. Sie müssen funktionieren und passend sein.

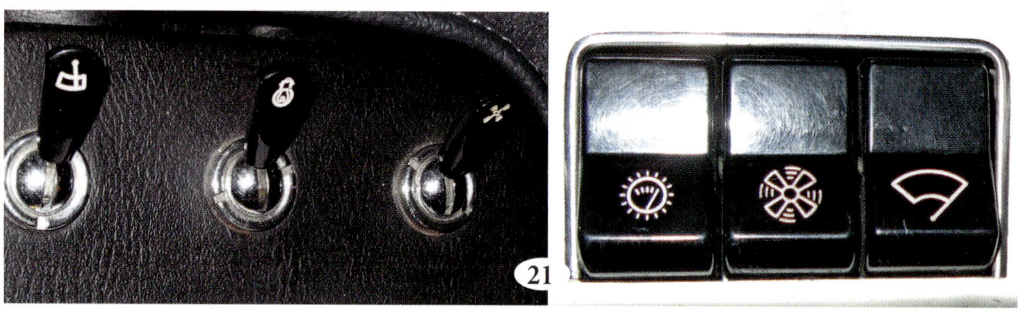

21

22 – *Instrumente*

Wie es sich für einen sportlichen Wagen gehört, ist das Instrumentarium der Giulia reich und umfassend. Die Warnanzeigen benötigen meistens nur neue Lämpchen (was beileibe keine einfache Operation ist), während Druck- und Temperaturanzeigen ein Problem darstellen könnten. Der gleiche Hinweis gilt für den Drehzahlmesser und den Tacho. Beide sind schwer zu reparieren, und der Austausch ist teuer. Vor allem der Drehzahlmesser gibt manchmal schon bei kleinen Umdrehungszahlen Geräusche von sich. Dann sollte man auch die Welle kontrollieren. Vollständige und funktionierende Instrumente sind ein großes Plus.

22

23

23 – *Schalter der Scheibenwaschanlage und der Heizung*

Die Fußpumpe für die Scheibenwaschanlage besteht aus Kunststoff und geht leicht kaputt. Mitunter ist der Schalter in ihrem Innern verklemmt. Oft reichen einige Versuche, um den Schalter zu „entrasten“. Aber Vorsicht: Der Schalter sollte nicht blockieren, wenn der Wischer gerade in Betrieb ist. Daher besser die Batterie vorher abklemmen. Der Heizungsregler kann ebenfalls leicht blockieren oder durch Abnutzung der Gummimembran nicht mehr vollständig schließen. Wenn sich der Hebel nur schwer bedienen lässt, sollten Sie besser keine Kraft anwenden, sondern die Mechanik hinter der Armaturentafel demontieren und gangbar machen.

ANTRIEB UND FAHRGESTELL

24 – *Motor*

Der Doppelnocker (*bialbero*) der Giulia ist für seine Robustheit und seine Zuverlässigkeit berühmt – wenn er gut behandelt wird. Immerhin handelt es sich um einen Motor, der komplett aus Aluminium besteht, und um eine anspruchsvolle Konstruktion. Ausreichende Schmierung ist bei diesem Motor beinahe alles. Die Motoren leiden vor allem, wenn sie nur im Stadtverkehr bewegt oder nicht ausreichend lange warmgefahren werden. Dann erreicht das lebenswichtige Öl nicht alle Stellen, und vorzeitiger Verschleiß an Kurbelwellen- und Pleuellagern ist unweigerlich die Folge.

24

25

25 – Vergaser

Der reibungslose Betrieb eines Motors hängt stark von der korrekten Feineinstellung der Vergaser ab. Die ist immer noch zu einem großen Teil eine Frage des „Gehörs“. Wer da nicht genug Erfahrung hat, sollte Selbstversuche vermeiden und sich besser gleich an einen Spezialisten wenden. Das gilt vor allem für die Besitzer von Autos mit zwei Doppelvergasern.

26 – Ölwanne

Die großzügig verrippte Ölwanne leistet gute Arbeit, ist aber ob ihrer exponierten Einbaulage vor äußeren Beschädigungen nicht gefeit. Stellen Sie sicher, dass die Rippen in Ordnung sind und die Wanne dicht ist.

26

27

27 – Abgasanlage

Die Abgasanlage ist ein Schwachpunkt. Die Krümmer gelten zwar als unverwüstlich (sofern es die originalen sind), aber Rohre und Schalldämpfer halten oft nicht sehr lange – vor allem, wenn sie nicht regelmäßig auf Temperatur gebracht werden und sich Kondenswasser bildet. Achten Sie darauf, dass das Endrohr sauber und im richtigen Winkel aus der Heckschürze herausragt.

27

27

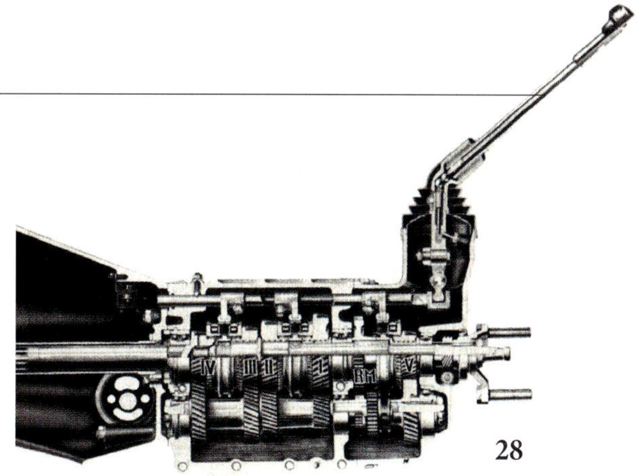
28

28 – Getriebe

Das Fünfganggetriebe der Giulia (Ausnahme: die 1300 mit vier Gängen) ist schnell und weich zu schalten und gut synchronisiert, mit exakten Übergängen auch in den Versionen mit Lenkradschaltung. Sollte es eine dieser Eigenschaften eingebüßt haben oder sollten sich Kratzgeräusche einstellen (besonders im 2. Gang), empfiehlt es sich, dem nachzugehen.

29 – Antriebswellengelenke

Die Gelenke der Antriebswellen sind Verschleißteile. Wenn sie in keinem guten Zustand sind und Geräusche machen, sollte man sie lieber sofort auswechseln, bevor andere Teile der Mechanik in Mitleidenschaft gezogen werden. Die Kardanwelle sollte gut ausgewuchtet sein, um Vibrationen bei hohen Geschwindigkeiten zu vermeiden.

29

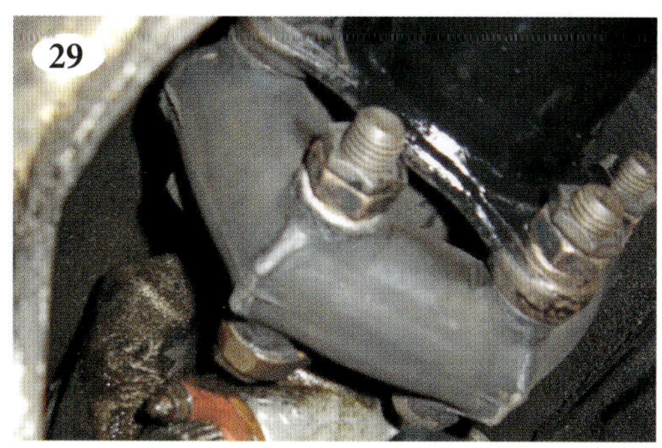
29

30 – Differenzial

Alfa Romeo ist stolz auf sein hypoidverzahntes Differenzial im Leichtmetallgehäuse. Es wurde zum Staunen der Konkurrenz erstmalig mit der Giulietta auf den Markt gebracht und hat sich als robust bewährt. Dennoch muss darauf geachtet werden, dass es stets gut und mit dem richtigen Öl geschmiert ist.

31 – Fahrwerk

Die Radaufhängungen der Giulia waren die ersten im Alfa-Programm, die nicht regelmäßig geschmiert werden müssen. Das Fahrwerk macht selten Probleme, sieht man von den regelmäßigen Kontrollen der Stoßdämpfer, der Silentblöcke und der Geometrie, vor allem nach eventuellen Zusammenstößen, einmal ab.

32 – Lenkgetriebe

Das Lenkgetriebe offenbart oft deutliches Spiel. In der Regel kann dies mit den vorgesehen Justiereinrichtungen wieder korrigiert werden (etwas komplizierter bei Burgman-Lenkgetrieben). Es können aber auch permanente Schäden auftreten, die auf Zusammenstöße oder extremes, nie nachgestelltes Spiel zurückzuführen sind. Achten Sie auf den Ölstand im Getriebe.

33 – Lenkung

Spiel in der Lenkung hat oft nichts mit dem Lenkgetriebe, sondern mit dem Gestänge zu tun und wird durch den Verschleiß der Spurstangenköpfe verursacht. Ein Austausch mit entsprechender Feineinstellung löst diese Probleme.

31

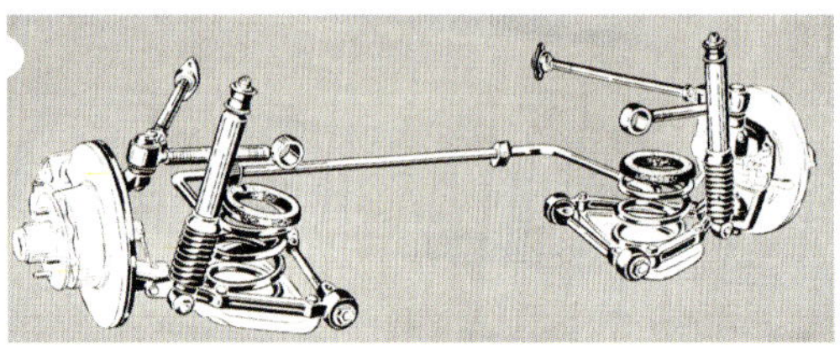

34 – Bremsen

Der Zustand der Bremsen gehört gründlich überprüft. Zunächst die Sichtprobe: Die Scheiben sollten nicht verrostet und nicht über die Verschleißgrenze hinaus verbraucht sein. Für die Kontrolle der seltenen Trommelbremsen ist der Ausbau erforderlich. Der Zustand der Leitungen sollte überprüft werden und schließlich sollten die Bremsen getestet werden. Nicht mehr frei gängige Teile wie Bremskolben sollten ausgetauscht werden. In der Regel verlangen die Bremsanlagen alter Giulias nach Überholung.

35 – Bremskraftverstärker

Die Giulias haben, von wenigen Ausnahmen (1300) abgesehen, einen Bremskraftverstärker. Dessen Wirksamkeit sollte überprüft werden. Achten Sie darauf, dass beim Ausbau keine Bremsflüssigkeit in den Motorraum gelangt, da sie äußerst korrosiv ist.

36 – Elektrik

Die elektrische Anlage der Giulia ist recht einfach und normalerweise ohne gravierende Schäden. Achten Sie auf möglichst intakte Kabel und Isolierungen und darauf, dass nicht etwa ein Dilettant für Kabelsalat gesorgt hat. Was den Motor anbelangt, sind Sicherungen, Zündverteiler und vor allem die Zündkabel zu überprüfen. Man sollte sich auch versichern, dass alle elektrischen Komponenten der Originalausstattung entsprechen.

Technische Daten

Giulia TI	
Baujahre:	1962 - 1967
Motor:	Typ 005140, vier Zylinder in Reihe, vorn längs
Hubraum:	1570 ccm
Bohrung x Hub:	78 x 82 mm
Verdichtungsverhältnis:	9 : 1
max. Leistung:	92 PS bei 6000 U/min
max. Drehmoment:	117 Nm bei 4400 U/min
Zylinderkopf:	aus Leichtmetall mit halbkugelförmigen Brennräumen
Motorblock:	aus Leichtmetall mit auswechselbaren Laufbuchsen aus Gusseisen
Kurbelwelle:	geschmiedet, fünffach gelagert
Ventiltrieb:	oben liegende Ventile, V-förmig (80°) angebracht, direkt von zwei Nockenwellen gesteuert, die über dazwischen im Ölbad gelagerte Stößelbecher wirken und von zwei geräuscharmen Ketten angetrieben werden
Durchmesser Ventile:	Einlassventil 35 mm, Auslassventil 31 mm
Zündung:	Batterie, mit Zündverteiler und -spule, Zündkerzen: 14 mm
Kraftstoffversorgung:	mechanische Pumpe, 1 Querstrom-Doppelvergaser Solex 32 PAIA 7
Schmierung:	Zahnradpumpe, Ölmenge 6 l
Kühlung:	flüssigkeitsgekühlt mit Zentrifugalpumpe und Ventilator, Kreislaufkapazität: 7,5 l
Kardanwelle	zweiteilig, mit 1 Hardyscheibe und 2 Kreuzgelenken
Kupplung:	Einscheibentrockenkupplung, mechanisch betätigt
Getriebe:	mechanisch, 5 Gänge, synchronisiert + Rückwärtsgang, Lenkradschaltung (ab März 1964 auf Nachfrage auch mit Knüppelschaltung)
Untersetzungsverhältnisse:	1. Gang: 1:3,304, 2. Gang: 1:1,988, 3. Gang: 1:1,355, 4. Gang: 1:1,1, 5. Gang: 1:0,791, Rückwärtsgang: 1:3,010
Hinterachse:	Starrachse mit Differenzialgehäuse aus Aluminium und Kegelraddifferenzialgetriebe, Achsantrieb: 8/41
Radaufhängung vorn:	Einzelradaufhängung mit Schraubenfedern, Dreieckslenker, Stabilisator und hydraulischen Teleskopdämpfern
Radaufhängung hinten:	Starrachse mit Reaktionsdreieck, Schraubenfedern und hydraulischen Teleskopdämpfern
Lenkung:	Schneckenrollen- oder Kugelumlauflenkung, Wendekreis: 10,9 m
Bremsen:	hydraulische Trommelbremsen rundum (vorn mit je 3 Bremsbacken); seit 1964 Scheibenbremsen rundum mit Bremskraftverstärker; mechanische Handbremse, die auf die Hinterräder wirkt
Reifen:	155 x 15
Fahrzeugelektrik:	12 V, Lichtmaschine 25 A, Batterie 38 Ah
Kraftstofftank:	hinten, unter dem Kofferraum; Volumen: 46 l
Radstand:	2510 mm
Spur:	vorn: 1310 mm, hinten: 1270 mm
Abmessungen:	Länge: 4140 mm, Breite: 1560 mm, Höhe: 1430 mm
Gewicht:	1060 kg, Zuladung 6 Personen + 60 kg
Geschwindigkeit:	169 km/h
0-100 km/h:	13,7 s
Mittlerer Kraftstoffverbrauch:	10,4 l/100 km
Preis:	1.570.000 Lire
Produktionszahl:	71.148

Giulia TI Super			
Baujahre:	1963 - 1964	**Hinterachse:**	Starrachse mit Differenzialgehäuse aus Aluminium und Kegelraddifferenzialgetriebe, Achsantrieb: 9/41 (auf Anfrage 8/41)
Motor:	Typ 00516, vier Zylinder in Reihe, vorn längs	**Radaufhängung vorn:**	Einzelradaufhängung mit Schraubenfedern, Dreieckslenker, Stabilisator und hydraulischen Teleskopdämpfern
Hubraum:	1570 ccm	**Radaufhängung hinten:**	Starrachse mit Reaktionsdreieck, Schraubenfedern und hydraulischen Teleskopdämpfern
Bohrung x Hub:	78 x 82 mm	**Lenkung:**	Schneckenrollen- oder Kugelumlauflenkung, Wendekreis: 10,9 m
Verdichtungsverhältnis:	9,7 : 1	**Bremsen:**	hydraulische Trommelbremsen rundum (vorn mit je 3 Bremsbacken); ab 9/1963 auf Anfrage und seit 1964 serienmäßig Scheibenbremsen rundum mit Bremskraftverstärker; mechanische Handbremse, die auf die Hinterräder wirkt
max. Leistung:	112 PS bei 6500 U/min	**Reifen:**	155 x 15, Leichtmetallfelgen
max. Drehmoment:	134 Nm bei 4200 U/min	**Fahrzeugelektrik:**	12 V , Lichtmaschine 25 A, Batterie 38 Ah
Zylinderkopf:	aus Leichtmetall mit halbkugelförmigen Brennräumen	**Kraftstofftank:**	hinten, unter dem Kofferraum; Volumen: 46 l
Motorblock:	aus Leichtmetall mit auswechselbaren Laufbuchsen a us Gusseisen	**Radstand:**	2510 mm
Kurbelwelle:	geschmiedet, fünffach gelagert	**Spur:**	vorn: 1310 mm, hinten: 1270 mm
Antrieb:	oben liegende Ventile, V-förmig (80°) angebracht, direkt von zwei Nockenwellen gesteuert, die über dazwischen im Ölbad gelagerte Stößelbecher wirken und von zwei geräuscharmen Ketten angetrieben werden	**Abmessungen:**	Länge: 4115 mm, Breite: 1560 mm, Höhe: 1430 mm
Durchmesser Ventile:	Einlassventil 35 mm, Auslassventil 31 mm	**Gewicht:**	900 kg, Zuladung 4 Personen + 60 kg
Zündung:	Batterie, mit Zündverteiler und -spule, Zündkerzen: 14 mm	**Geschwindigkeit:**	189 km/h
Kraftstoffversorgung:	elektrische Pumpe, 2 Querstrom-Doppelvergaser Weber 45 DCO E	**0-100 km/h:**	11,2 s
Schmierung:	Zahnradpumpe, Ölmenge 6 l	**Mittlerer Kraftstoffverbrauch:**	13 l/100 km
Kühlung:	flüssigkeitsgekühlt mit Zentrifugalpumpe und Ventilator, Kreislaufkapazität: 7,5 l	**Preis:**	2.400.000 Lire
Kardanwelle:	zweiteilig, mit 1 Hardyscheibe und 2 Kreuzgelenken	**Produktionszahl:**	501
Kupplung:	Einscheibentrockenkupplung, mechanisch betätigt		
Schaltung:	mechanisch, 5 Gänge, synchronisiert + Rückwärtsgang, Knüppelschaltung		
Untersetzungsverhältnisse:	1. Gang: 1:3,304, 2. Gang: 1:1,988, 3. Gang: 1:1,355, 4. Gang: 1:1,1, 5. Gang: 1:0,791, Rückwärtsgang: 1:3,010		

Giulia 1300	
Baujahre:	1964 - 1971
Motor:	Typ 00506, vier Zylinder in Reihe, vorn längs
Hubraum:	1290 ccm
Bohrung x Hub:	74 x 75 mm
Verdichtungsverhältnis:	8,5 : 1
max. Leistung:	80 PS bei 6000 U/min
max. Drehmoment:	105 Nm bei 4500 U/min
Zylinderkopf:	aus Leichtmetall mit halbkugelförmigen Brennräumen
Motorblock:	aus Leichtmetall mit auswechselbaren Laufbuchsen aus Gusseisen
Kurbelwelle:	geschmiedet, fünffach gelagert
Antrieb:	oben liegende Ventile, V-förmig (80°) angebracht, direkt von zwei Nockenwellen gesteuert, die über dazwischen im Ölbad gelagerte Stößelbecher wirken und von zwei geräuscharmen Ketten angetrieben werden
Durchmesser Ventile:	Einlassventil 31 mm, Auslassventil 28 mm
Zündung:	Batterie, mit Zündverteiler und -spule, Zündkerzen: 14 mm
Kraftstoffversorgung:	elektrische Pumpe, 1 Querstrom-Doppelvergaser Solex 32 PAIA 7
Schmierung:	durch Zahnradpumpe angetrieben, Kapazität: 6 l
Kühlung:	flüssigkeitsgekühlt mit Zentrifugalpumpe und Ventilator, Kreislaufkapazität: 7,5 l
Kardanwelle:	zweiteilig, mit 1 Hardyscheibe und 2 Kreuzgelenken
Kupplung:	Einscheibentrockenkupplung, mechanisch betätigt
Schaltung:	mechanisch, 4 Gänge, synchronisiert + Rückwärtsgang, Knüppelschaltung
Untersetzungsverhältnisse:	1. Gang: 1:3,304, 2. Gang: 1:1,988, 3. Gang: 1:1,355, 4. Gang: 1:1,1, Rückwärtsgang: 1:3,010
Hinterachse:	Starrachse mit Differenzialgehäuse aus Aluminium und Kegelraddifferenzialgetriebe, Achsantrieb: 9/41
Radaufhängung vorn:	Einzelradaufhängung mit Schraubenfedern, Dreieckslenker, Stabilisator und hydraulischen Teleskopdämpfern
Radaufhängung hinten:	Starrachse mit Reaktionsdreieck, Schraubenfedern und hydraulischen Teleskopdämpfern
Lenkung:	Schneckenrollen- oder Kugelumlauflenkung, Wendekreis: 10,9 m
Bremsen:	hydraulische Scheibenbremsen rundum; mechanische Handbremse, die auf die Hinterräder wirkt
Reifen:	155 x 15
Fahrzeugelektrik:	12 V, Lichtmaschine 25 A, Batterie 38 Ah
Kraftstofftank:	hinten, unter dem Kofferraum; Volumen: 46 l
Radstand:	2510 mm
Spur:	vorn: 1310 mm, hinten: 1270 mm
Abmessungen:	Länge: 4115 mm, Breite: 1560 mm, Höhe: 1430 mm
Gewicht:	1000 kg, Zuladung 5 Personen + 50 kg
Geschwindigkeit:	161 km/h
0-100 km/h:	14,7 s
Mittlerer Kraftstoffverbrauch:	10,4 l/100 km
Preis:	1.395.000 Lire (1964), 1.310.000 (1970)
Produktionszahl:	28.358

Giulia Super			
Baujahre:	1965 - 1969	**Hinterachse:**	Starrachse mit Differenzialgehäuse aus Aluminium und Kegelraddifferenzialgetriebe, Achsantrieb: 9/41
Motor:	Typ 00526, vier Zylinder in Reihe, vorn längs	**Radaufhängung vorn:**	Einzelradaufhängung mit Schraubenfedern, Dreieckslenker, Stabilisator und hydraulischen Teleskopdämpfern
Hubraum:	1570 ccm	**Radaufhängung hinten:**	Starrachse mit Reaktionsdreieck, Schraubenfedern und hydraulischen Teleskopdämpfern
Bohrung x Hub:	78 x 82 mm	**Lenkung:**	Schneckenrollen- oder Kugelumlauflenkung, Wendekreis: 10,9 m
Verdichtungsverhältnis:	9 : 1	**Bremsen:**	Scheibenbremsen rundum, Bremskraftverstärker, Zweikreis-System; mechanische Handbremse, die auf die Hinterräder wirkt
max. Leistung:	98 PS bei 5500 U/min	**Reifen:**	155 x 15
max. Drehmoment:	133 Nm bei 2900 U/min	**Fahrzeugelektrik:**	12 V, Lichtmaschine 25 A, Batterie 38 Ah
Zylinderkopf:	aus Leichtmetall mit halbkugelförmigen Brennräumen	**Kraftstofftank:**	hinten, unter dem Kofferraum; Volumen: 46 l
Motorblock:	aus Leichtmetall mit auswechselbaren Laufbuchsen aus Gusseisen	**Radstand:**	2510 mm
Kurbelwelle:	geschmiedet, fünffach gelagert	**Spur:**	vorn: 1310 mm, hinten: 1270 mm
Antrieb:	oben liegende Ventile, V-förmig (80°) angebracht, direkt von zwei Nockenwellen gesteuert, die über dazwischen im Ölbad gelagerte Stößelbecher wirken und von zwei geräuscharmen Ketten angetrieben werden	**Abmessungen:**	Länge: 4140 mm, Breite: 1560 mm, Höhe: 1430 mm
Durchmesser Ventile:	Einlassventil 35 mm, Auslassventil 31 mm	**Gewicht:**	1020 kg, Zuladung 5 Personen + 50 kg
Zündung:	Batterie, mit Zündverteiler und -spule, Zündkerzen: 14 mm	**Geschwindigkeit:**	175 km/h
Kraftstoffversorgung:	elektrische Pumpe, 2 Querstrom-Doppelvergaser Weber 40 DCO E 4 oder Solex 40 PH H/2	**0-100 km/h:**	11,2 s
Schmierung:	durch Zahnradpumpe angetrieben, Kapazität: 6 l	**Mittlerer Kraftstoffverbrauch:**	11,1 l/100 km
Kühlung:	flüssigkeitsgekühlt mit Zentrifugalpumpe und Ventilator, Kreislaufkapazität: 7,5 l	**Preis:**	1.775.000 Lire (1965), 1.660.000 Lire (1969), 1.850.000 Lire (1972)
Kardanwelle:	zweiteilig, mit 1 Hardyscheibe und 2 Kreuzgelenken	**Produktionszahl:**	124.607 (folgende Versionen eingeschlossen)
Kupplung:	Einscheibentrockenkupplung, hydraulisch betätigt		
Schaltung:	mechanisch, 5 Gänge, synchronisiert + Rückwärtsgang, Knüppelschaltung		
Untersetzungsverhältnisse:	1. Gang: 1:3,304, 2. Gang: 1:1,988, 3. Gang: 1:1,355, 4. Gang: 1:1,1, 5. Gang: 1:0,791, Rückwärtsgang: 1:3,010		

Giulia 1300 TI	
Baujahre:	1966 - 1972
Motor:	Typ 00539, vier Zylinder in Reihe, vorn längs
Hubraum:	1290 ccm
Bohrung x Hub:	74 x 75 mm
Verdichtungsverhältnis:	9 : 1
max. Leistung:	85 PS bei 6000 U/min
max. Drehmoment:	106 Nm bei 4900 U/min
Zylinderkopf:	aus Leichtmetall mit halbkugelförmigen Brennräumen
Motorblock:	aus Leichtmetall mit auswechselbaren Laufbuchsen aus Gusseisen
Kurbelwelle:	geschmiedet, fünffach gelagert
Antrieb:	oben liegende Ventile, V-förmig (80°) angebracht, direkt von zwei Nockenwellen gesteuert, die über dazwischen im Ölbad gelagerte Stößelbecher wirken und von zwei geräuscharmen Ketten angetrieben werden
Durchmesser Ventile:	Einlassventil 33 mm, Auslassventil 28 mm mit Natrium gefüllt
Zündung:	Batterie, mit Zündverteiler und -spule, Zündkerzen: 14 mm
Kraftstoffversorgung:	elektrische Pumpe, 1 Querstrom-Doppelvergaser Solex 32 PAIA 7
Schmierung:	durch Zahnradpumpe angetrieben, Kapazität: 6 l
Kühlung:	flüssigkeitsgekühlt mit Zentrifugalpumpe und Ventilator, Kreislaufkapazität: 7,5 l
Kardanwelle:	zweiteilig, mit 1 Hardyscheibe und 2 Kreuzgelenken
Kupplung:	Einscheibentrockenkupplung, hydraulisch betätigt
Schaltung:	mechanisch, 5 Gänge, synchronisiert + Rückwärtsgang, Knüppelschaltung
Untersetzungsverhältnisse:	1. Gang: 1:3,304, 2. Gang: 1:1,988, 3. Gang: 1:1,355, 4. Gang: 1:1,1, 5. Gang: 1:0,791, Rückwärtsgang: 1:3,010
Hinterachse:	Starrachse mit Differenzialgehäuse aus Aluminium und Kegelraddifferenzialgetriebe, Achsantrieb: 8/41
Radaufhängung vorn:	Einzelradaufhängung mit Schraubenfedern, Dreieckslenker, Stabilisator und hydraulischen Teleskopdämpfern
Radaufhängung hinten:	Starrachse mit Reaktionsdreieck, Schraubenfedern und hydraulischen Teleskopdämpfern
Lenkung:	Schneckenrollen- oder Kugelumlauflenkung, Wendekreis: 10,9 m
Bremsen:	hydraulische Scheibenbremsen rundum; mechanische Handbremse, die auf die Hinterräder wirkt
Reifen:	155 x 15
Fahrzeugelektrik:	12 V, Lichtmaschine 25 A, Batterie 38 Ah
Kraftstofftank:	hinten, unter dem Kofferraum; Volumen: 46 l
Radstand:	2510 mm
Spur:	vorn: 1310 mm, hinten: 1270 mm
Abmessungen:	Länge: 4140 mm, Breite: 1560 mm, Höhe: 1430 mm
Gewicht:	1000 kg, Zuladung 5 Personen + 50 kg
Geschwindigkeit:	168 km/h
0-100 km/h:	12,8 s
Mittlerer Kraftstoffverbrauch:	9,8 l/100 km
Preis:	1.415.000 Lire (1966), 1.435.000 Lire (1969), 1.595.000 Lire (1971)
Produktionszahl:	144.214

Giulia 1600 S			
Baujahre:	1968 - 1970	Hinterachse:	Starrachse mit Differenzialgehäuse aus Aluminium und Kegelraddifferenzialgetriebe, Achsantrieb: 9/43
Motor:	Typ 00585, vier Zylinder in Reihe, vorn längs	Radaufhängung vorn:	Einzelradaufhängung mit Schraubenfedern, Dreieckslenker, Stabilisator und hydraulischen Teleskopdämpfern
Hubraum:	1570 ccm	Radaufhängung hinten:	Starrachse mit Reaktionsdreieck, Schraubenfedern und hydraulischen Teleskopdämpfern
Bohrung x Hub:	78 x 82 mm	Lenkung:	Schneckenrollen- oder Kugelumlauflenkung, Wendekreis: 10,9 m
Verdichtungsverhältnis:	9 : 1	Bremsen:	Scheibenbremsen rundum, Bremskraftverstärker, Bremskraftregler hinten; mechanische Handbremse, die auf die Hinterräder wirkt
max. Leistung:	96 PS bei 5500 U/min	Reifen:	155 SR 15
max. Drehmoment:	138 Nm bei 4400 U/min	Fahrzeugelektrik:	12 V, Lichtmaschine 35 A, Batterie 38 Ah
Zylinderkopf:	aus Leichtmetall mit halbkugelförmigen Brennräumen	Kraftstofftank:	hinten, unter dem Kofferraum; Volumen: 46 l
Motorblock:	aus Leichtmetall mit auswechselbaren Laufbuchsen aus Gusseisen	Radstand:	2510 mm
Kurbelwelle:	geschmiedet, fünffach gelagert	Spur:	vorn: 1324 mm, hinten: 1274 mm
Antrieb:	oben liegende Ventile, V-förmig (80°) angebracht, direkt von zwei Nockenwellen gesteuert, die über dazwischen im Ölbad gelagerte Stößelbecher wirken und von zwei geräuscharmen Ketten angetrieben werden	Abmessungen:	Länge: 4160 mm, Breite: 1560 mm, Höhe: 1430 mm
Durchmesser Ventile:	Einlassventil 37 mm, Auslassventil 31 mm mit Natrium gefüllt	Gewicht:	1060 kg, Zuladung 5 Personen + 50 kg
Zündung:	Batterie, mit Zündverteiler und -spule, Zündkerzen: 14 mm	Geschwindigkeit:	172 km/h
Kraftstoffversorgung:	elektrische Pumpe, 1 Querstrom-Doppelvergaser Solex 32 PAIA 7	0-100 km/h:	11,3 s
Schmierung:	durch Zahnradpumpe angetrieben, Kapazität: 6 l	Mittlerer Kraftstoffverbrauch:	10,0 l/100 km
Kühlung:	flüssigkeitsgekühlt mit Zentrifugalpumpe und Ventilator, Kreislaufkapazität: 7,5 l	Preis:	1.450.000 Lire (1969), 1.570.000 Lire (1970)
Kardanwelle:	zweiteilig, mit 1 Hardyscheibe und 2 Kreuzgelenken	Produktionszahl:	2.215
Kupplung:	Einscheibentrockenkupplung, hydraulisch betätigt		
Schaltung:	mechanisch, 5 Gänge, synchronisiert + Rückwärtsgang, Knüppelschaltung		
Untersetzungsverhältnisse:	1. Gang: 1:3,304, 2. Gang: 1:1,988, 3. Gang: 1:1,355, 4. Gang: 1:1,1, 5. Gang: 1:0,791, Rückwärtsgang: 1:3,010		

Giulia Super 1.6	
Baujahre:	1969 - 1974
Motor:	Typ 00526/A, vier Zylinder in Reihe, vorn längs
Hubraum:	1570 ccm
Bohrung x Hub:	78 x 82 mm
Verdichtungsverhältnis:	9 : 1
max. Leistung:	104 PS bei 5500 U/min
max. Drehmoment:	140 Nm bei 4600 U/min
Zylinderkopf:	aus Leichtmetall mit halbkugelförmigen Brennräumen
Motorblock:	aus Leichtmetall mit auswechselbaren Laufbuchsen aus Gusseisen
Kurbelwelle:	geschmiedet, fünffach gelagert
Antrieb:	oben liegende Ventile, V-förmig (80°) angebracht, direkt von zwei Nockenwellen gesteuert, die über dazwischen im Ölbad gelagerte Stößelbecher wirken und von zwei geräuscharmen Ketten angetrieben werden
Durchmesser Ventile:	Einlassventil 37 mm, Auslassventil 31 mm mit Natrium gefüllt
Zündung:	Batterie, mit Zündverteiler und -spule, Zündkerzen: 14 mm
Kraftstoffversorgung:	elektrische Pumpe, 2 Querstrom-Doppelvergaser Weber 40 DCOE 4
Schmierung:	durch Zahnradpumpe angetrieben, Kapazität: 6 l
Kühlung:	flüssigkeitsgekühlt mit Zentrifugalpumpe und Ventilator, Kreislaufkapazität: 7,5 l
Kardanwelle	zweiteilig, mit 1 Hardyscheibe und 2 Kreuzgelenken
Kupplung:	Einscheibentrockenkupplung, hydraulisch betätigt
Schaltung:	mechanisch, 5 Gänge, synchronisiert + Rückwärtsgang, Knüppelschaltung
Untersetzungsverhältnisse:	1. Gang: 1:3,304, 2. Gang: 1:1,988, 3. Gang: 1:1,355, 4. Gang: 1:1,1, 5. Gang: 1:0,791, Rückwärtsgang: 1:3,010
Hinterachse:	Starrachse mit Differenzialgehäuse aus Aluminium und Kegelraddifferenzialgetriebe, Achsantrieb: 9/41
Radaufhängung vorn:	Einzelradaufhängung mit Schraubenfedern, Dreieckslenker, Stabilisator und hydraulischen Teleskopdämpfern
Radaufhängung hinten:	Starrachse mit Reaktionsdreieck, Schraubenfedern und hydraulischen Teleskopdämpfern
Lenkung:	Schneckenrollen- oder Kugelumlauflenkung, Wendekreis: 10,9 m
Bremsen:	Scheibenbremsen rundum, Bremskraftverstärker, Zweikreis-System, Bremskraftregler hinten; mechanische Handbremse, die auf die Hinterräder wirkt
Reifen:	155 SR 15
Fahrzeugelektrik:	12 V, Lichtmaschine 35 A, Batterie 50 Ah
Kraftstofftank:	hinten, unter dem Kofferraum; Volumen: 46 l
Radstand:	2510 mm
Spur:	vorn: 1324 mm, hinten: 1274 mm
Abmessungen:	Länge: 4160 mm, Breite: 1560 mm, Höhe: 1430 mm
Gewicht:	1020 kg, Zuladung 5 Personen + 50 kg
Geschwindigkeit:	175 km/h
0-100 km/h:	11,3 s
Mittlerer Kraftstoffverbrauch:	11,1 l/100 km
Preis:	1.450.000 Lire (1969), 1.570.000 Lire (1970)

Giulia 1300 Super	
Baujahre:	1970 - 1973
Motor:	Typ 00530, vier Zylinder in Reihe, vorn längs
Hubraum:	1290 ccm
Bohrung x Hub:	74 x 75 mm
Verdichtungsverhältnis:	9 : 1
max. Leistung:	88 PS bei 5500 U/min
max. Drehmoment:	123 Nm bei 3000 U/min
Zylinderkopf:	aus Leichtmetall mit halbkugelförmigen Brennräumen
Motorblock:	aus Leichtmetall mit auswechselbaren Laufbuchsen aus Gusseisen
Kurbelwelle:	geschmiedet, fünffach gelagert
Antrieb:	oben liegende Ventile, V-förmig (80°) angebracht, direkt von zwei Nockenwellen gesteuert, die über dazwischen im Ölbad gelagerte Stößelbecher wirken und von zwei geräuscharmen Ketten angetrieben
Durchmesser Ventile:	Einlassventil 33 mm, Auslassventil 28 mm mit Natrium gefüllt
Zündung:	Batterie, mit Zündverteiler und -spule, Zündkerzen: 14 mm
Kraftstoffversorgung:	mechanische Pumpe, 2 Querstrom-Doppelvergaser Weber 40 DCOE 28
Schmierung:	durch Zahnradpumpe angetrieben, Kapazität: 6 l
Kühlung:	flüssigkeitsgekühlt mit Zentrifugalpumpe und Ventilator, Kreislaufkapazität: 7,5 l
Kardanwelle:	zweiteilig, mit 1 Hardyscheibe und 2 Kreuzgelenken
Kupplung:	Einscheibentrockenkupplung, mechanisch betätigt
Schaltung:	mechanisch, 5 Gänge, synchronisiert + Rückwärtsgang, Knüppelschaltung
Untersetzungsverhältnisse:	1. Gang: 1:3,304, 2. Gang: 1:1,988, 3. Gang: 1:1,355, 4. Gang: 1:1,1, 5. Gang: 1:0,791, Rückwärtsgang: 1:3,010
Hinterachse:	Starrachse mit Differenzialgehäuse aus Aluminium und Kegelraddifferenzialgetriebe, Achsantrieb: 9/43
Radaufhängung vorn:	Einzelradaufhängung mit Schraubenfedern, Dreieckslenker, Stabilisator und hydraulischen Teleskopdämpfern
Radaufhängung hinten:	Starrachse mit Reaktionsdreieck, Schraubenfedern und hydraulischen Teleskopdämpfern
Lenkung:	Schneckenrollen- oder Kugelumlauflenkung, Wendekreis: 10,9 m
Bremsen:	Scheibenbremsen rundum, Bremskraftverstärker, Zweikreis-System, Bremskraftregler hinten; mechanische Handbremse, die auf die Hinterräder wirkt
Reifen:	155 x 15
Fahrzeugelektrik:	12 V, Lichtmaschine 35 A, Batterie 50 Ah
Kraftstofftank:	hinten, unter dem Kofferraum; Volumen: 46 l
Radstand:	2510 mm
Spur:	vorn: 1314 mm, hinten: 1264 mm
Abmessungen:	Länge: 4160 mm, Breite: 1560 mm, Höhe: 1430 mm
Gewicht:	1060 kg, Zuladung 5 Personen + 50 kg
Geschwindigkeit:	166 km/h
0-100 km/h:	12,8 s
Mittlerer Kraftstoffverbrauch:	11,0 l/100 km
Preis:	1.595.000 Lire (1970), 1.660.000 Lire (1971), 1.685.000 Lire (1972)
Produktionszahl:	153.274 (einschließlich der Versionen Super 1.3 und Nuova Super 1300)

Giulia Nuova Super 1300 (1600)	
Baujahre:	1974 - 1978
Motor:	Typ 00530*S (00526/A*S), vier Zylinder in Reihe, vorn längs
Hubraum:	1290 ccm (1570 ccm)
Bohrung x Hub:	74 x 75 mm (78 x 82 mm)
Verdichtungsverhältnis:	9 : 1
max. Leistung:	88 PS bei 5500 U/min (104 PS bei 5500 U/min)
max. Drehmoment:	123 Nm bei 3000 U/min (140 Nm bei 4600 U/min)
Zylinderkopf:	aus Leichtmetall mit halbkugelförmigen Brennräumen
Motorblock:	aus Leichtmetall mit auswechselbaren Laufbuchsen aus Gusseisen
Kurbelwelle:	geschmiedet, fünffach gelagert
Antrieb:	oben liegende Ventile, V-förmig (80°) angebracht, direkt von zwei Nockenwellen gesteuert, die über dazwischen im Ölbad gelagerte Stößelbecher wirken und von zwei geräuscharmen Ketten angetrieben werden
Durchmesser Ventile:	Einlassventil 37 mm, Auslassventil 31 mm mit Natrium gefüllt
Zündung:	Batterie, mit Zündverteiler und -spule, Zündkerzen: 14 mm
Kraftstoffversorgung:	mechanische Pumpe, 2 Querstrom-Doppelvergaser Weber 40 DCOE 28 (bzw. Weber 40 DCOE 4 oder Solex C 4)
Schmierung:	durch Zahnradpumpe angetrieben, Kapazität: 6 l
Kühlung:	flüssigkeitsgekühlt mit Zentrifugalpumpe und Ventilator, Kreislaufkapazität: 7,5 l
Kardanwelle:	zweiteilig, mit 1 Hardyscheibe und 2 Kreuzgelenken
Kupplung:	Einscheibentrockenkupplung, hydraulisch betätigt
Schaltung:	mechanisch, 5 Gänge, synchronisiert + Rückwärtsgang, Knüppelschaltung
Untersetzungsverhältnisse:	1. Gang: 1:3,304, 2. Gang: 1:1,988, 3. Gang: 1:1,355, 4. Gang: 1:1,1, 5. Gang: 1:0,791, Rückwärtsgang: 1:3,010
Hinterachse:	Starrachse mit Differenzialgehäuse aus Aluminium und Kegelraddifferenzialgetriebe, Achsantrieb: 9/43 (9/41)
Radaufhängung vorn:	Einzelradaufhängung mit Schraubenfedern, Dreieckslenker, Stabilisator und hydraulischen Teleskopdämpfern
Radaufhängung hinten:	Starrachse mit Reaktionsdreieck, Schraubenfedern und hydraulischen Teleskopdämpfern
Lenkung:	Schneckenrollen- oder Kugelumlauflenkung, Wendekreis: 10,9 m
Bremsen:	Scheibenbremsen rundum, Bremskraftverstärker, Zweikreis-System, Bremskraftregler hinten; mechanische Handbremse, die auf die Hinterräder wirkt
Reifen:	155 SR 15, auf Anfrage auch 165 SR 14 (165 SR 14)
Fahrzeugelektrik:	12 V, Lichtmaschine 35 A, Batterie 50 Ah
Kraftstofftank:	hinten, unter dem Kofferraum; Volumen: 46 l
Radstand:	2510 mm
Spur:	vorn: 1324 mm, hinten: 1274 mm
Abmessungen:	Länge: 4185 mm, Breite: 1560 mm, Höhe: 1430 mm
Gewicht:	1030 kg, Zuladung 5 Personen + 50 kg
Geschwindigkeit:	166 km/h (175 km/h)
0-100 km/h:	11,3 s (11,5 s)
Mittlerer Kraftstoffverbrauch:	11,0 l/100 km (11,1 l/100 km)
Preis:	2.447.000 (2.553.000) Lire
Produktionszahl:	1600: 41.457 (einschließlich der Super 1.6)

Giulia Nuova Super Diesel	
Baujahre:	1976 - 1978
Motor:	Typ Perkins 10U8, vier Zylinder in Reihe, vorn längs
Hubraum:	1760 ccm
Bohrung x Hub:	79,40 x 88,90 mm
Verdichtungsverhältnis:	22 : 1
max. Leistung:	50 PS bei 3800 U/min
max. Drehmoment:	108 Nm bei 2000 U/min
Zylinderkopf:	aus Gusseisen, flache Verbrennungskammer und Vorkammer
Motorblock:	aus Leichtmetall mit auswechselbaren Laufbuchsen aus Gusseisen
Kurbelwelle:	dreifach gelagert
Antrieb:	seitlich liegende, über Zahnräder angetriebene Nockenwelle mit Stoßstangen und Kipphebel
Ventile:	2 pro Zylinder
Kraftstoffversorgung:	indirekte Einspritzung über Verteilerpumpe CAV Lucas
Schmierung:	Zahnradpumpe, Ölmenge: 6,5 l
Kühlung:	flüssigkeitsgekühlt mit Zentrifugalpumpe und Ventilator, Kreislaufkapazität: 7,5 l
Kardanwelle:	zweiteilig, mit 1 Hardyscheibe und 2 Kreuzgelenken
Kupplung:	Einscheibentrockenkupplung, hydraulisch betätigt
Schaltung:	mechanisch, 5 Gänge, synchronisiert + Rückwärtsgang, Knüppelschaltung
Untersetzungsverhältnisse:	1. Gang: 1:3,304, 2. Gang: 1:1,988, 3. Gang: 1:1,355, 4. Gang: 1:1,1, 5. Gang: 1:0,791, Rückwärtsgang: 1:3,010
Hinterachse:	Starrachse mit Differenzialgehäuse aus Aluminium und Kegelraddifferenzialgetriebe, Achsantrieb: 10/41
Radaufhängung vorn:	Einzelradaufhängung mit Schraubenfedern, Dreieckslenker, Stabilisator und hydraulischen Teleskopdämpfern
Radaufhängung hinten:	Starrachse mit Reaktionsdreieck, Schraubenfedern und hydraulischen Teleskopdämpfern
Lenkung:	Schneckenrollen- oder Kugelumlauflenkung, Wendekreis: 10,9 m
Bremsen:	Scheibenbremsen rundum, Bremskraftverstärker, Zweikreis-System, Bremskraftregler hinten; mechanische Handbremse, die auf die Hinterräder wirkt
Reifen:	165 SR 14
Fahrzeugelektrik:	12 V, Lichtmaschine 40 A, Batterie 66 Ah
Kraftstofftank:	hinten, unter dem Kofferraum; Volumen: 46 l
Radstand:	2510 mm
Spur:	vorn: 1314 mm, hinten: 1264 mm
Abmessungen:	Länge: 4185 mm, Breite: 1560 mm, Höhe: 1430 mm
Gewicht:	1130 kg, Zuladung 5 Personen + 50 kg
Geschwindigkeit:	133 km/h
Mittlerer Kraftstoffverbrauch:	7,9 l/100 km
Preis:	4.901.000 Lire
Produktionszahl:	6.577

Die Giulia und das Registro Italiano Alfa Romeo (RIAR)

2012 war für Alfisti, namentlich für Fans der Giulia, ein ganz besonderes Jahr. 50 Jahre zuvor hatte Alfa Romeo dieses Auto, das wie kaum ein anderes für technische und stilistische Extravaganz, für begeisternde Fahrleistungen und für das markentypische Fahrvergnügen steht, der Weltöffentlichkeit vorgestellt. Im gleichen Jahr 1962 wurde auch das Registro Italiano Alfa Romeo gegründet. Die Idee wurde bei einem Alfa-Treffen 1961 in Turin aus Anlass der 100-Jahrfeier des geeinten Italiens (Italia \`61) geboren. Heute ist das RIAR Anlaufstelle für Fans der Marke in aller Welt.

Die Protagonisten des Registers haben Pionierarbeit geleistet, als es darum ging, in Italien etwas für den Erhalt und die Pflege historischer Automobile zu tun, die heute als Kunstobjekte verstanden werden. Am Anfang standen Enthusiasten, die kurz nach dem Ende des Zweiten Weltkrieges begannen, alte Autos zu retten, die damals bestenfalls nach Nutz- oder Schrottwert beurteilt wurden. So wurden hunderte von Wagen gerettet, die heute in den teuersten Sammlungen der Welt stehen.

Das war jedoch zunächst nicht der Sinn der Rettungsaktionen. Wer kurz nach dem Krieg etwa einen 6C 1750 vor dem Schrottplatz rettete, wollte damit auch fahren, wollte sich und sein rollendes Kunstwerk zeigen.

In einem kleinen Kreis adeliger Alfa-Liebhaber engagierten sich vor allem Francesco Santovetti und Baron Giorgio Franchetti. Sie gründeten, was heute das Registro Italiano Alfa Romeo ist. Den ersten Vereinssitz stellte Franchetti zur Verfügung: das elegante „Villino delle Fate" des Jugendstilarchitekten Gino Coppedè, ein Ensemble von Prachtbauten im römischen Stadtteil Trieste.

Das RIAR wurde schnell größer, erfreute sich bald der Unterstützung von Alfa Romeo. Das Register zog um nach Portello und später nach Arese in die modernen Gebäude des Centro

Nächtliche Impression vom Werksgelände mit nagelneuen Giulias.

GIULIA S

Ernesto Cattoni und Ermanno Cressoni gehören zu den bekanntesten Designern des Centro Stile Alfa Romeo.

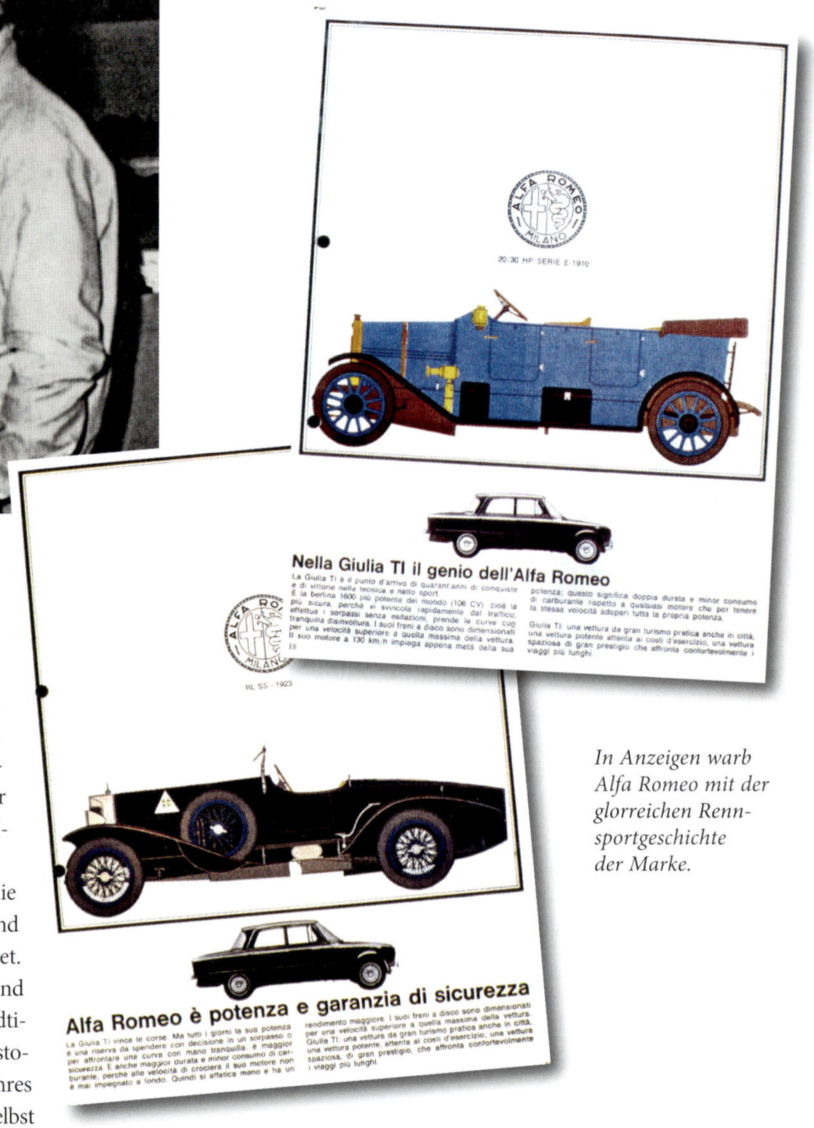

In Anzeigen warb Alfa Romeo mit der glorreichen Rennsportgeschichte der Marke.

Direzionale, des Direktionszentrums (Bild unten). Graf Lurani Cernuschi wurde Präsident, das Register wuchs weiter und organisiert bis heute prestigeträchtige Veranstaltungen, unvergessliche Rallyes auf der ganzen Welt, Meetings und kulturelle Aktivitäten. Vor allem liefert es Informationen zu technischen und Restaurierungs-Fragen sowie zur Homologation und stellt Zertifikate über Originalität und Herkunft historischer Alfas aus.

Das Registro Italiano Alfa Romeo und die Giulia kamen im gleichen Jahr zur Welt und haben Generationen von Alfisti begleitet. 1968 noch wurde die Giulia als modernes und praktisches Begleitfahrzeug bei Oldtimer-Veranstaltungen wie der historischen Mille Miglia jenes Jahres eingesetzt. Heute steht sie selbst als Klassiker im Rampenlicht.

Die „targa“ (das Kennzeichen) für jenes große Treffen, das vom RIAR zur Feier des 50. Geburtstags der Giulia organisiert wurde.

Fahrgestell- und Motornummern

GIULIA TI	
Typ 105.14	
1962:	400002 bis 407354 (außer 400003; 400024, 400027, 400049, 400101 gebaut im Jahr 1963, 400148 zerstört und 403695 als Prototyp für das Modell Giulia TI Super genutzt)
1963:	400003; 400024; 400027; 400049; 400101; 407355 bis 422043; 423501 bis 434181
1964:	434182 bis 442710
Typ 105.08	
1964:	442711 bis 453459; 1965: 453460 bis 462549
1966:	462550 bis 467531; 1967: 467532 bis 468428
Typ 105.14	
1967:	468601; 1968: 468602
Die Motornummern beginnen mit der 00514*00001	
Typ 105.09 Giulia TI Rechtslenker	
1963:	725001 bis 725006; 725866 bis 725895; 726036 bis 726038; 726042 bis 726055; 726063 726140 bis 726241; 726901 bis 727030; 727235 bis 727278; 727283 bis 727304; 727445 bis 727469; 727566 bis 727568
1964:	727769 bis 727818, 727849 bis 727928; 728049 bis 728118; 728311 bis 728410; 728581 bis 728670; 728811 bis 728870; 728881 bis 729090; 729195 bis 729208; 729300 bis 729517
1965:	729518 bis 729661
GIULIA TI SUPER	
1963:	595001 (Prototyp aufgebaut auf dem Fahrgestell der Giulia TI Nr. 403695); 595002 (ersetzt durch die Karosserie mit der Nummer 595055); 595003 bis 595181 (außer 595055 nicht gebaut, außer 595019; 595065; 595127; 595138; 595139; 595150; 595151; 595156; 595167; 595175; 595178 gebaut im Jahr 1964 und außer 595169 zerstört); 595183; 595186; 595190; 595194; 595196; 595201; 595202; 595203; 595205; 595210; 595212; 595219; 595236; 1964: 595019; 595065; 595127; 595138; 595139; 595150; 595151; 595156; 595167; 595175; 595178; 595182 bis 595509 (außer 595183; 595186; 595190; 595194; 595196; 595201; 595202; 595203; 595205; 595210; 595212; 595219; 595236 gebaut im Jahr 1963 und außer 595245; 595397; 595414 nicht gebaut)
Die Motornummern beginnen mit der 00516*00001	
GIULIA 1300	
1964:	550004 bis 562022
1965:	550001; 550002; 550003; 562023 bis 575385
1966:	586898 bis 586938; 587270 bis 587349; 587705 bis 587724; 588327 bis 588344; 590105 bis 590129; 590213 bis 590237; 590318 bis 590342; 590559 bis 590588; 590702 bis 590721; 590815 bis 590821; 590823 bis 590854; 591308 bis 591310; 591875 bis 591914; 592251 bis 592260; 592692 bis 592716; 592825 bis 592854; 592938 bis 592947; 593051 bis 593080; 593647 bis 593691; 594485 bis 594514; 594720 bis 594754; 621013 bis 621062; 621115 bis 621124; 621456 bis 621475; 621680 bis 621709; 621797 bis 621815; 622120 bis 622139; 622241 bis 622255; 622914 bis 622938; 624112 bis 624136; 624275 bis 624339; 624341 bis 624377; 624574 bis 624594; 624934 bis 624936; 624994 bis 625041; 625341 bis 625360; 625451 bis 625470; 625691 bis 625718; 626583 bis 626597; 626707; 626924 bis 626936; 626938 bis 626968

1967:	626924 bis 626968; 627424 bis 626443; 627531 bis 627544; 627662 bis 627691; 628052 bis 628054; 628311 bis 628328; 628398 bis 628438; 628441 bis 628456; 628683 bis 628702; 628901 bis 628923; 628925; 629037 bis 629075; 6291761 bis 629195; 629456 bis 629496; 629611 bis 629655; 629896 bis 629910; 629318 bis 629372; 630454 bis 630479; 630665 bis 630670; 630672 bis 630691; 630780 bis 630836; 630888 bis 630905; 630909 bis 630936; 631529; 631744 bis 631766; 631807 bis 631832; 631897 bis 631918; 632313 bis 632322; 632329 bis 632342; 632718 bis 632741; 633065 bis 633123; 633539 bis 633576; 633817; 641246 bis 641248, 641356 bis 641368; 641370 bis 641384; 643258; 643259; 643289; 643300 bis 643305; 643333 bis 643336; 645001 bis 645003; 645701 bis 645725; 646741 bis 646759; 646759; 646760; 646901 bis 646940
1968:	649501 bis 649556; 649560; 650621 bis 650700; 651601 bis 651700
1969:	1050001 bis 1050136
1970:	1050137 bis 1050431 (außer 1050384; 1050396; 1050421 bis 1050423; 1050425; 1050430 gebaut im Jahr 1971)
1971:	1050384; 1050396; 1050421 bis 1050423; 1050425; 1050430; 1050432; 1050433
Die Motornummern beginnen mit der 00506*00001	

GIULIA SUPER – GIULIA SUPER 1.6 – GIULIA NUOVA SUPER 1.6	
Typ 105.26	
1965:	305001 bis 325783; 1966: 325784 bis 339976
1967:	339977 bis 349999; 859001 bis 860638; 862001 bis 869597
1968:	869598 bis 875769
1969:	880001 bis 897146
1970:	897147 bis 899999; 1862001 bis 1871848
1971:	1875004 bis 1891387
1972:	1891388 bis 1896477; 1980001 bis 1986620
1973:	1986621 bis 1995700
1974:	1995701 bis 1998088
Typ 105.26S	
1974:	0001001 bis 0008250
1975:	0008251 bis 0016450
1976:	0016451 bis 0020850
1977:	0020851 bis 0028664
Typ 105.28 Giulia Super 1,6 und Nuova Super 1,6 Rechtslenker	
1972:	0786001 bis 0786665
1973:	0786666 bis 0787825
1974:	0787826 bis 0788006
1975:	0001001 bis 0001161; 3083001 bis 3083340
1976:	3083341 bis 3083420

GIULIA 1300 TI	
1965:	575386 bis 576263
1966:	576264 bis 594999 (außer 586898 bis 586938; 587270 bis 587349; 587705 bis 587724; 588327 bis 588344; 590105 bis 590129; 590213 bis 590237; 590318 bis 590342; 590559 bis 590588; 590702 bis 590721; 590815 bis 590821; 590823 bis 590854; 591308 bis 591310; 591875 bis 591914; 592251 bis 592260; 592692 bis 592716; 592825 bis 592854; 592938 bis 592947; 593051 bis 593080; 593647 bis 593691; 594485 bis 594514; 594720 bis 594754 ausgestattet wie Giulia 1300); 621001 bis 626854 (außer 621013 bis 621062; 621115 bis 621124; 621456 bis 621475; 621680 bis 621709; 621797 bis 621815; 622120 bis 622139; 622241 bis 622255; 622914 bis 622938; 624112 bis 624136; 624275 bis 624339; 624341 bis 624377; 624574 bis 624594; 624934 bis 624936; 624994 bis 625041; 625341 bis 625360; 625451 bis 625470; 625691 bis 625718; 626583 bis 626597; 626707 ausgestattet wie Giulia 1300)
1967:	626855 bis 656596 (außer 626924 bis 626968; 627424 bis 626443; 627531 bis 627544; 627662 bis 627691; 628052 bis 628054; 628311 bis 628328; 628398 bis 628438; 628441 bis 628456; 628683 bis 628702; 628901 bis 628923; 628925; 629037 bis 629075; 6291761 bis 629195; 629456 bis 629496; 629611 bis 629655; 629896 bis 629910; 629318 bis 629372; 630454 bis 630479; 630665 bis 630670; 630672 bis 630691; 630780 bis 630836; 630888 bis 630905; 630909 bis 630936; 631529; 631744 bis 631766; 631807 bis 631832; 631897 bis 631918; 632313 bis 632322; 632329 bis 632342; 632718 bis 632741; 633065 bis 633123; 633539 bis 633576; 633817; 641246 bis 641248, 641356 bis 641368; 641370 bis 641384; 643258; 643259; 643289; 643300 bis 643305; 643333 bis 643336; 645001 bis 645003; 645701 bis 645725; 646741 bis 646759; 646759; 646760; 646901 bis 646940 ausgestattet wie Giulia 1300)
1968:	656597 bis 659999; 1000501 bis 1031243
1969:	1031244 bis 1063444
1970:	1063445 bis 1088763
1971:	1088764 bis 1089439
1972:	1089440 bis 1089493
Typ 105.40 Giulia 1300 T.I. Rechtslenker	
1966:	762001 bis 762262
1967:	762263 bis 763181
1968:	763182 bis 763671; 763872 bis 763976; 765001 bis 765032
1969:	765033 bis 765876
1970:	765877 bis 766720
GIULIA 1600 S	
1968:	1700004 bis 1700105; 1700107; 1700109; 1700110, 1700112 bis 1700125; 1700127 bis 1700135; 1700137 bis 1700145; 1700147 bis 1700152; 1700154; 1700155; 1700158; 1700159; 1700161 bis 1700165; 1700167 bis 1700171; 1700173; 1700174; 1700176 bis 1700179; 1700181 bis 1700185; 1700187 bis 1700191; 1700193 bis 1700195; 1700197 bis 1700200; 1700203 bis 1700213; 1700215; 1700216; 1700218 bis 1700221; 1700223; 1700225 bis 1700235; 1700237 bis 1700244; 1700247; 1700249 bis 1700251; 1700253 bis 1700257; 1700259 bis 1700261; 1700263 bis 1700277; 1700279 bis 1700284; 1700286 bis 1700298; 1700300 bis 1700316; 1700318; 1700321; 1700322; 1700325; 1700326; 1700328; 1700330; 1700332; 1700336; 1700337; 1700340 bis 1700343; 1700345; 1700346; 1700349; 1700351; 1700353 bis 1700356; 1700358 bis 1700362; 1700364 bis 1700367; 1700371 bis 1700374; 1700384; 1700387 bis 1700389; 1700391; 1700398; 1700400; 1700401; 1700403 bis 1700406; 1700408 bis 1700410

1969:	1700001 bis 1701930 (außer 1700004 bis 1700105; 1700107; 1700109; 1700110, 1700112 bis 1700125; 1700127 bis 1700135; 1700137 bis 1700145; 1700147 bis 1700152; 1700154; 1700155; 1700158; 1700159; 1700161 bis 1700165; 1700167 bis 1700171; 1700173; 1700174; 1700176 bis 1700179; 1700181 bis 1700185; 1700187 bis 1700191; 1700193 bis 1700195; 1700197 bis 1700200; 1700203 bis 1700213; 1700215; 1700216; 1700218 bis 1700221; 1700223; 1700225 bis 1700235; 1700237 bis 1700244; 1700247; 1700249 bis 1700251; 1700253 bis 1700257; 1700259 bis 1700261; 1700263 bis 1700277; 1700279 bis 1700284; 1700286 bis 1700298; 1700300 bis 1700316; 1700318; 1700321; 1700322; 1700325; 1700326; 1700328; 1700330; 1700332; 1700336; 1700337; 1700340 bis 1700343; 1700345; 1700346; 1700349; 1700351; 1700353 bis 1700356; 1700358 bis 1700362; 1700364 bis 1700367; 1700371 bis 1700374; 1700384; 1700387 bis 1700389; 1700391; 1700398; 1700400; 1700401; 1700403 bis 1700406; 1700408 bis 1700410 gebaut im Jahr 1968)
1970:	1701931 bis 1702212
Typ 105.87 Giulia 1600 S Rechtslenker	
1969:	1790001 bis 1790003
GIULIA 1300 SUPER – SUPER 1.3 – NUOVA SUPER 1.3	
Typ 115.09	
1970:	2220008 bis 2224815
1971:	2220003 bis 2220007; 2224816 bis 2263009
1972:	2263010 bis 2269104; 2272001 bis 2289600
1973:	2224003; 2289601 bis 2292999; 3320001 bis 3334850
1974:	3334851 bis 3340250
Typ 115.09S	
1974:	0001001 bis 0018100
1975:	0018101 bis 0039250
1976:	0039251 bis 0053050
1977:	0053051 bis 0059583
Typ 115.10 Giulia Super 1,3 und Nuova Super 1,3 Rechtslenker	
1971:	2294002 bis 2295366
1972:	2295367 bis 2295960; 2296501 bis 2297279
1973:	2297280 bis 2297900
1974:	2297901 bis 2299450
GIULIA DIESEL	
1976:	0001011 bis 0007592

Die Daten stammen aus verschiedenen Quellen, die einander häufig widersprechen. Es handelt sich also um Angaben ohne Gewähr.